DENKSCHRIFT

ZUR ÜBERGABE DER WIEDERHERGESTELLTEN

STRASSENBRÜCKE ÜBER DEN RHEIN BEI WESEL

AN DEN VERKEHR

AM 18. JUNI 1953

SPRINGER-VERLAG BERLIN HEIDELBERG GMBH

1953

Im Buchhandel durch den Springer-Verlag Berlin Heidelberg GmbH, zu beziehen.

Ursprünglich erschienen bei Springer-Verlag, Berlin · Göttingen · Heidelberg 1953
Softcover reprint of the hardcover 1st edition 1953

ISBN 978-3-662-01367-0 ISBN 978-3-662-01366-3 (eBook)
DOI 10.1007/978-3-662-01366-3

INHALT

I. Die Vorgängerinnen der neuen Straßenbrücke über den Rhein bei Wesel

II. Die neue Straßenbrücke über den Rhein bei Wesel

Seite

Anlagen

DIE VORGÄNGERINNEN DER NEUEN STRASSENBRÜCKE ÜBER DEN RHEIN BEI WESEL

Die Rheinbabenbrücke

Die Planung

Der nördlichste und letzte Rheinübergang auf deutschem Gebiet befindet sich bei Wesel. Hier wird die Bundesstraße 58 von der Landesgrenze — Geldern — Büderich kommend überführt, um über Wesel nach Haltern weiter zu verlaufen und dort in die Bundesstraße 51 Köln — Wuppertal — Münster — Osnabrück — Bremen einzumünden.

Die dem zweiten Weltkrieg zum Opfer gefallene Rheinbrücke war während des ersten Weltkrieges erbaut worden. Jahrzehntelang hatte man den Bau einer festen Brücke unterhalb von Ruhrort angestrebt; denn eine nur wenig leistungsfähige Schiffsbrücke und einige noch weniger leistungsfähige Fähren verbanden die aufstrebende Stadt Wesel und ihr fruchtbares Hinterland mit den Gebieten auf der linken Rheinseite, Städten wie Kleve, Xanten, Geldern und dem bekannten Wallfahrtsort Kevelaer.

Die Verhandlungen zum Bau der Brücke erfolgten seinerzeit unter der Führung des Oberpräsidenten der Rheinprovinz. Die Gesamtkosten für eine neue Brücke waren mit 3,11 Mio. Mark veranschlagt worden. Als Ergebnis der Verhandlungen übernahm der damalige Staat Preußen zur Ablösung der Lasten für den Unterhalt und den Betrieb der Schiffsbrücke den Betrag von 1,95 Mio. Mark, während die weiteren Kosten in Höhe von 1,16 Mio. Mark von der Stadt Wesel und den beiden benachbarten an den Rhein angrenzenden Kreisen Moers und Rees aufzubringen waren. Die Stadt Wesel übernahm dabei die Hälfte, die Kreise Moers und Rees je ¼ der restlichen Kosten.

Zur Finanzierung des Baues und zur späteren Unterhaltung der Brücke bildeten die Kreise Moers und Rees sowie die Stadt Wesel den „Zweckverband Rheinbrücke Wesel-Büderich". Staatliche Baubeamte führten den Bau im Auftrage des Zweckverbandes aus.

Die Lage der Brücke war durch die gegebenen Verhältnisse bestimmt. Auf der rechten Rheinseite mußte die Zufahrt über die Lippe kurz vor ihrer Einmündung in den Rhein und die Umgehung des Südendes des Weseler Hafens beibehalten werden, während auf der linken Rheinseite die Rampenanlage durch das alte tiefgelegene Fort „Blücher" gegeben war. Abb. 1.

Die Pfeilerstellung und die Entfernungen zwischen den Pfeilern wurden durch die Rheinstrombauverwaltung bestimmt. Letztere betrugen von der Büdericher Seite aus 2 · 55,00 + 97,50 + 150,00 + 97,50 + 55,00 m. Es fällt auf, daß die eigentliche Stromöffnung mit 150,00 m bei weitem geringer war, als bei den stromaufwärts gelegenen Rheinbrücken. Der Grund ist darin zu erblicken, daß die Schiffszüge in Wesel ohne Aufenthalt durchfahren und daher eine größere Durchfahrtsweite des Bauwerkes nicht für erforderlich gehalten wurde. Die Höhenlage der Brücke mit einer Konstruktionsunterkante von 9,28 m über dem höchsten schiffbaren Wasserstand genügte allen Anforderungen des Schiffsverkehrs.

Der Bau

Anfang des Jahres 1914 wurden die Arbeiten für die Herstellung der Pfeiler und Widerlager (Verdingungstermin am 27. März 1914) und anschließend die Arbeiten für die Lieferung und Montage der stählernen Überbauten (Verdingungstermin am 7. Mai 1914) ausgeschrieben. Die Vergabe der Arbeiten für die Herstellung der Pfeiler und Widerlager erfolgte sehr bald. Den Zuschlag erhielt die Firma Beuchelt & Co., Grünberg/Schlesien. Der Auftrag auf Ausführung der stählernen Überbauten erforderte längere Verhandlungen mit der Gutehoffnungshütte. Ersparnisse im Gewicht von etwa 250 t, die durch Vereinfachungen in der Konstruktion zu erreichen waren, und ein Nachlaß im Einzelpreis ergaben erst die Grundlage zu einem Vertragsabschluß. Der Ausbruch des ersten Weltkrieges brachte die Verhandlungen ins Stocken und es schien, als ob der Brückenbau auf lange Zeit verschoben werden müßte. Die Erfolge auf den Kriegsschauplätzen zu Anfang des Krieges, der gewaltige Vormarsch nach dem Westen ließen jedoch eine zuversichtlichere Auffassung Platz greifen und Ende September 1914 beschloß der Zweckverband, den Bau der Brücke fortzuführen. Nachdem die Gutehoffnungshütte sich bereit erklärt

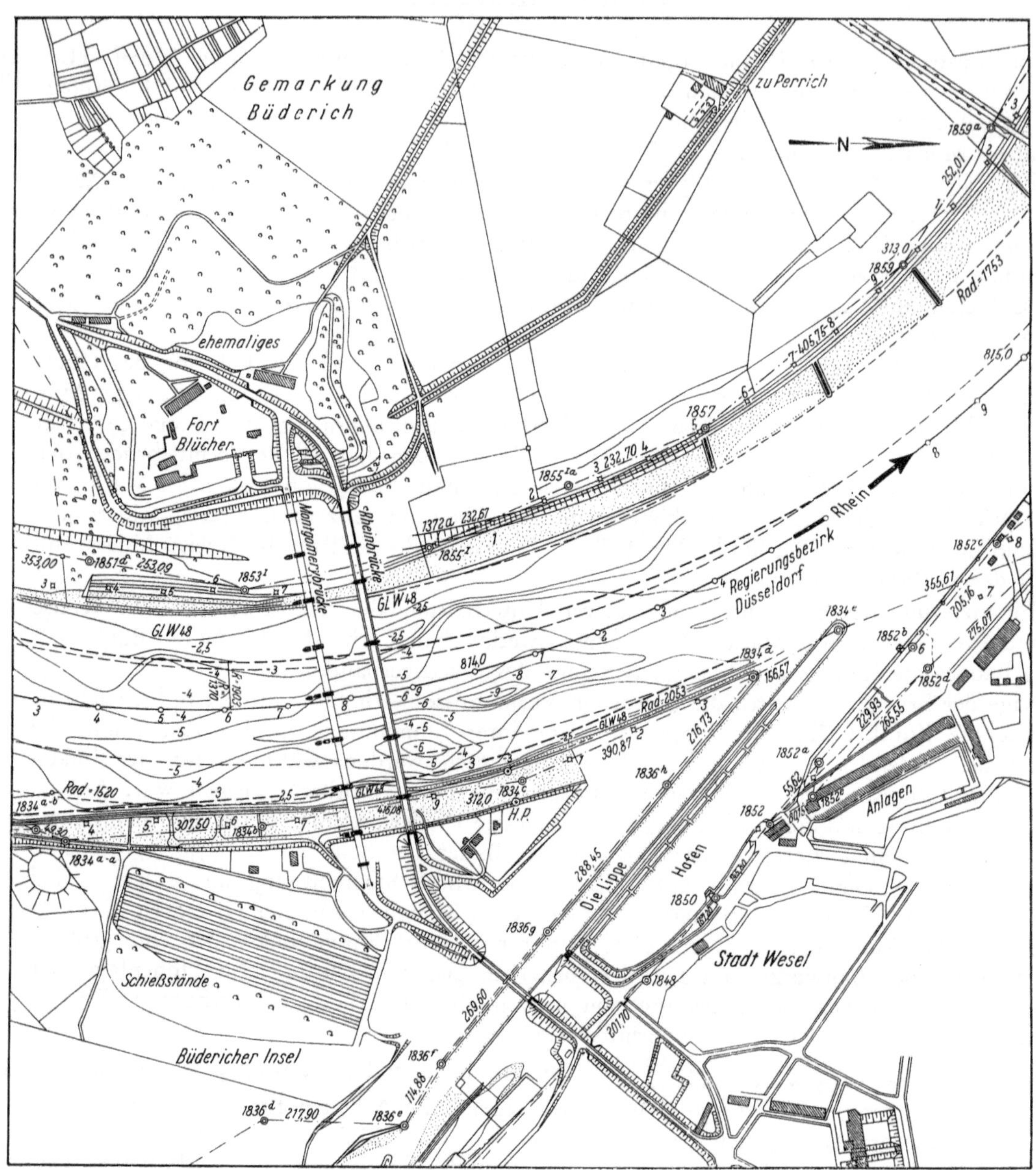

Abb. 1. Lageplan.

hatte, bei sofortiger Zuschlagserteilung ihre Angebotspreise trotz inzwischen gestiegener Stahlpreise und trotz der infolge der militärischen Einberufungen schwierigen Beschaffung von Facharbeitern aufrecht zu erhalten, erfolgte am 12. Oktober die endgültige Auftragserteilung.

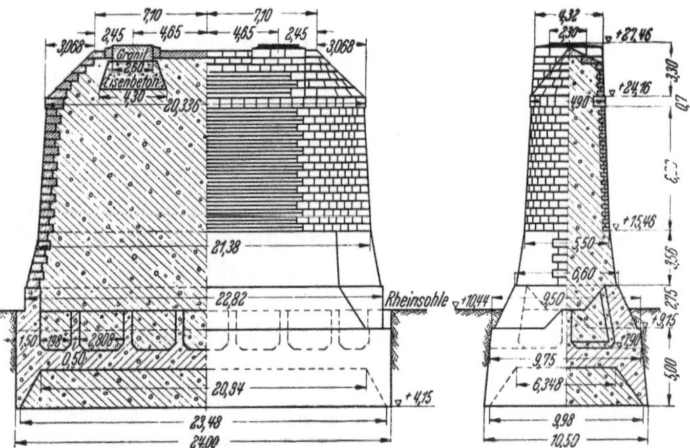

Abb. 2. Pfeilerquerschnitt.

Die Gründung der beiden Widerlager und der beiden linksseitigen Vorlandpfeiler bot weder Besonderheiten noch Schwierigkeiten. Der Untergrund besteht überall aus Kies, der von einer lehmigen Sandschicht von 1,5—3,0 m Stärke überlagert ist. Die Fundamente wurden in offener Baugrube 3,5—4,5 m tief in den gewachsenen Kies herabgeführt; die dabei erforderlichen Spundwände blieben als dauernder Schutz um die Betonkörper bestehen.

Schwieriger war die Gründung der beiden Strompfeiler. Die Sohle des Rheins lag 6,0—7,0 m unter Mittelwasser und der linksseitige Strompfeiler (IV) wurde 7,0 m tief und der rechtsseitige Strompfeiler (V) 6,30 m tief in den gewachsenen Boden herabgeführt. Für die beiden Pfeiler wurden Senkkästen von 24,0 m Länge, 10,5 m Breite und 5,0 m Höhe verwandt, die aus einer mit Beton ummantelten Stahlkonstruktion bestanden. Abb. 2—3. Sie wurden seitlich auf Kähnen montiert, zum Versenkgerüst geschwommen, an dieses aufgehängt und abgesenkt. Der rechtsseitige Vorlandpfeiler (VI) steht bereits in meist trockenem Vorgelände, doch wurde

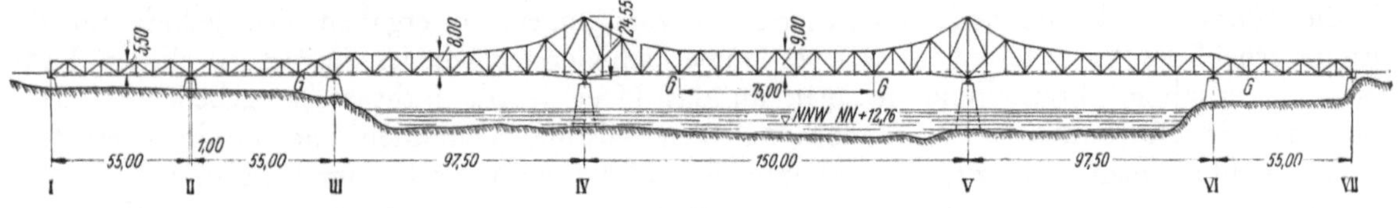

Abb. 3. Systemskizze des Bauwerkes.

auch hier eine Senkkastengründung für notwendig erachtet. Die Montage und Absenkung des Senkkastens erfolgte dabei nach Abgrabung des Geländes bis etwa 2,0 m unter Mittelwasser an Ort und Stelle.

Die aufgehenden Widerlager und Pfeiler bestanden aus einem Kern aus Stampfbetonmischung 1 : 8 mit vorgesetzter Verkleidung aus Mayener Basaltlavasteinen, für die Auflagersteine der Stahlüberbauten wurde Granit verwandt.

Der stählerne Überbau wurde als Fachwerk-Gerberträger ausgeführt. Gelenke waren in der Hauptstromöffnung und in den an die Seitenöffnungen anschließenden Vorlandöffnungen vorgesehen.

Das Bauwerk erhielt eine Gesamtbreite von 13,30 m zwischen den Geländern, die sich wie folgt zusammensetzte:

Fahrbahn	7,50 m	Überstehende Stahlkonstruktion	2 · 0,50 m
Schrammborde	2 · 0,65 m	Fußwege	2 · 1,75 m

Der Hauptträgerabstand betrug 9,30 m, die Höhe der Hauptträger in den Nebenöffnungen 5,50 m, im parallelen Teil des Kragträgers 8,00 m und im eingehängten Mittelträger ca. 9,00 m. Die Systemhöhe über den Strompfeilern betrug 24,55 m.

Der Strebenzug mit senkrechten Pfosten in den Knotenpunkten war einfach steigend und fallend ausgebildet. In den Feldern neben den beiden Strompfeilern wurde je ein Zwischenpfosten und eine Zwischenstrebe eingeschaltet.

Die Feldeinteilung in den Nebenöffnungen betrug 6,875 m, in den Hauptöffnungen 7,50 m.

Zwischen den Hauptträgern waren Längs- und Querträger angeordnet, auf denen ein Buckelblechbelag von 8 mm Stärke aufgebracht war, der dann die eigentliche Fahrbahndecke aus 20 cm

Beton, sowie Sandbett und Pflasterung zu tragen hatte. Zum Einbau der zweigleisig und einseitig vorgesehenen Straßenbahn ist es glücklicherweise niemals gekommen. Abb. 4.

Die Fußwege wurden mit 7 cm starken Stahlbetonplatten und einem Gußasphalt von 3 cm abgedeckt.

Die Montage der Stahlüberbauten gestaltete sich verhältnismäßig einfach, weil sowohl die Flutöffnungen als auch die beiden Kragträgeröffnungen eingerüstet werden durften. In der Mittelöffnung konnten Gerüste bis zu 40,00 m ab Pfeilermitte geschlagen und das Fahrwasser vorübergehend auf 85 m eingeschränkt werden.

Während die Tiefbauarbeiten noch einigermaßen planmäßig im Jahre 1915 abgeschlossen wurden, zeigten sich bei der Montage der Überbauten die Einwirkungen des Krieges. Wenn

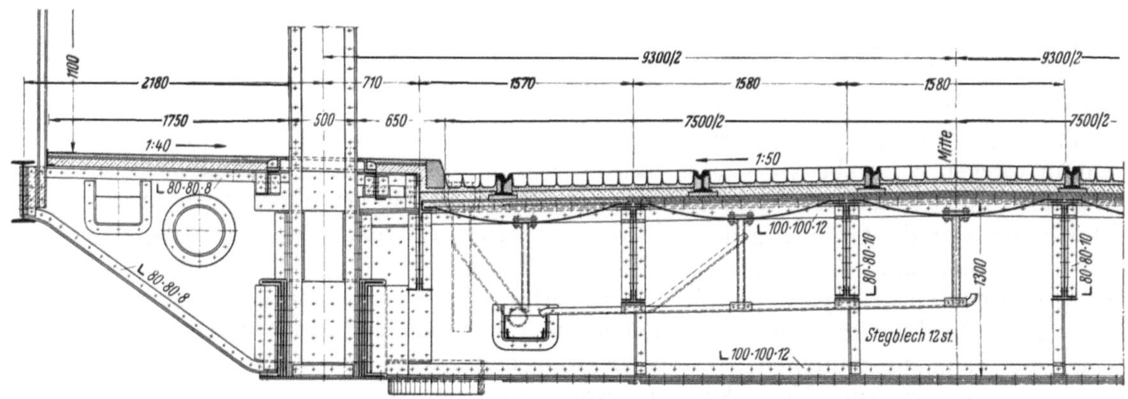

Abb. 4. Querschnitt der Brücke.

auch die Werkstattarbeiten noch hinreichend vorwärtsgingen, so ergaben sich jedoch auf der Baustelle erhebliche Verzögerungen, weil es immer schwieriger wurde, die erforderlichen Facharbeiter zu erhalten. Freistellungsanträgen an das Heer wurde nicht stattgegeben. Als dann Ende 1915 die Uberbauten teilweise noch auf den Rüstungen standen und Hochwassergefahr drohte, entschloß man sich zur Anwerbung von Holländern und zum Einsatz von Kriegsgefangenen, mit denen im Winter 1915/16, so gut es ging, durchgearbeitet wurde. Am 2. November 1916 erfolgte die Freisetzung des eingehängten Trägers. Die Restarbeiten an den Stahlüberbauten dauerten noch den ganzen Winter 1916/17 durch. Im Frühjahr 1917 wurde die Fahrbahndecke in Angriff genommen, und am 27. Juli 1917 konnte die neue Brücke unter gleichzeitiger Außerdienststellung der alten Schiffsbrücke dem Verkehr übergeben werden. Abb. 5—6. Ihren endgültigen Anstrich, der zunächst nur aus Ersatzfarbe bestand, erhielt die Brücke erst Mitte 1920. Ohne auf weitere Einzelheiten einzugehen, mögen die mächtigen Flankierungstürme an den beiderseitigen Brückenenden erwähnt werden, die seinerzeit den Wünschen des Heeres entsprechend angebaut werden mußten.

An Stahl und Eisen wurden eingebaut:

1. Flußstahl	Vorlandbrücken	807,4 t	
	Kragträger	3077,9 t	
	Eingehängter Träger	642,7 t	
			4528,0 t
2. Stahlguß der Lager und Gelenke			152,3 t
3. Gußeisen der Durchdringungen			30,9 t
4. 3 Besichtigungswagen			16,0 t
5. Einbauten in den Flankierungstürmen			67,0 t
			4794,2 t

Diese Rheinbrücke erhielt den Namen „Rheinbabenbrücke“ nach dem damaligen Oberpräsidenten der Rheinprovinz, Freiherrn Georg von Rheinbaben, als Dank und Anerkennung seines tatkräftigen Eintretens für das Entstehen der Rheinbrücke bei Wesel.

Eine eingehende Beschreibung der Rheinbabenbrücke ist in der Zeitschrift „Die Bautechnik“ 1926, Heft 38 und 42 veröffentlicht.

Abb. 5. Ansicht des Gesamtbauwerkes. Blick zum Weseler Ufer.

Abb. 6. Ansicht des Gesamtbauwerkes.

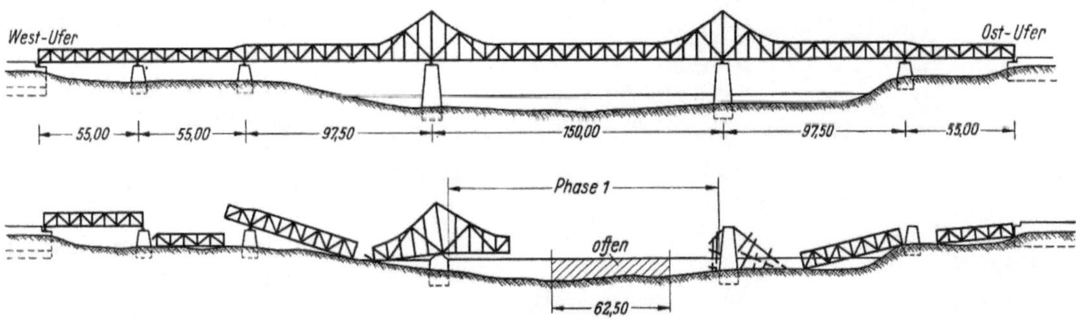

Abb. 7. Schematische Darstellung der zerstörten Brücke.

Die Zerstörung

Nachdem in den letzten Monaten des Kriegsgeschehens 1944 in der Mitte der Hauptöffnung ein Sicherungspfeiler aus Spundbohlen errichtet worden war, der im Falle von Bombentreffern einen gesamten Zusammensturz der Brücke verhindern sollte, wurde die Brücke im Verlaufe der Kampfhandlungen am 3. März 1945 von deutschen Pionieren gesprengt.

Die restlose Zerstörung geschah durch Sprengung des linksseitigen Strompfeilers sowie durch Querschnittssprengungen in der Hauptstromöffnung und in den beiden anschließenden Seitenöffnungen. Abb. 7.

Abb. 8. Widerlager Büdericher Seite mit Überbau 1 nach der Zerstörung.

Abb. 9. Abgestürzter Überbau zwischen Pfeilern IV—VI.

Abb. 10. Pfeiler III nach Zerstörung der Brücke.

Das Bild der Zerstörung war folgendes:

Der 1. Überbau von der Büdericher Seite aus (Widerlager I — Pfeiler II) blieb mit verhältnismäßig geringen Schäden in seiner alten Lage erhalten (Abb. 8).

Der 2. Überbau (Pfeiler II—III) stürzte zwischen den Pfeilern in das Vorflutgelände ab, wo er beschädigt liegen blieb.

Der 3. Überbau von etwa 100 m Länge (Pfeiler III—IV) knickte etwa im Zweidrittelpunkt ein, wobei das Portal mit dem Kragarm auf dem zerstörten Pfeiler hängen blieb.

Der 4. Überbau (Pfeiler IV—V), der die Schiffahrtsrinne überspannte,

Abb. 11. Strompfeiler IV nach seiner Sprengung und Räumung der Stahltrümmer.

fiel infolge der Sprengung mit seiner ganzen Länge in das Flußbett und versperrte damit der Schiffahrt den Weg. Der aus Spundwänden ausgeführte Luftsicherungspfeiler wurde durch die abstürzende Brücke völlig zusammengedrückt.

Der 5. Überbau (Pfeiler V—VI), ebenfalls von etwa 100 m Länge, stürzte ab, wobei der linke Pfeiler mit dem Portal am erhaltengebliebenen Strompfeiler hängen blieb und dadurch die Schiffahrt auf dieser Stromseite unterband. Abb. 9.

Der 6. und letzte Überbau (Pfeiler VI — Widerlager VII) blieb mit dem östlichen Ende auf dem östlichen Widerlager hängen, stürzte ab und knickte ein.

Von den Unterbauten wurde das linksrheinische Widerlager I fast restlos zerstört. Die Vorlandpfeiler II, III (Abb. 10) und VI links- und rechtsrheinisch blieben außer unwesentlichen Beschädigungen durch Splitter erhalten. Der linksrheinische Strompfeiler IV (Abb. 11) wurde bis auf das Fundament abgesprengt. Der rechtsseitige Strompfeiler V (Abb. 12) blieb zwar erhalten, doch wurde bei späteren Versuchen, den Pfeiler durch Sprengungen mit Wasserbomben zum Kippen zu bringen, das Gefüge des Pfeilers so gelockert, daß auf Grund sehr eingehender Untersuchungen nach Trockenlegung des Pfeilers innerhalb einer Spundwand sein Abbruch bis auf den Senkkasten veranlaßt werden mußte. Das rechtsrheinische Widerlager VII war äußerlich mit wenigen Schäden erhalten geblieben (Abb. 13). Es wurde jedoch im Verlauf der Arbeiten unter Beseitigung der Festungsbauten neu gestaltet.

Abb. 12. Strompfeiler V nach Zerstörung der Brücke und Räumung der Stahltrümmer.

Abb. 13. Weseler Widerlager nach Zerstörung der Brücke und Räumung der Stahltrümmer.

Die Räumung der Trümmer

Sofort nach Beendigung der Kampfhandlungen begannen alliierte Truppen mit der Freimachung der Schiffahrtsrinne.

Pioniere haben stromab der Trümmer des zerstörten Überbaues der Hauptöffnung einen tiefen Graben in die Sohle gesprengt, in welchen durch oberstrom der Brückentrümmer vorgenommene Sprengungen die Trümmer hineingeschoben wurden. Dadurch wurde eine Fahrrinne von etwa 65 m Breite geschaffen. Die späteren Arbeiten der Wasser- und

Schiffahrtsdirektion Duisburg zur Räumung der Trümmer wurden aber durch diese Maßnahme sehr erschwert, weil die Konstruktionsteile bis auf geringe Reste inzwischen versandet waren und zu ihrer Entfernung erhebliche Baggerungen notwendig wurden.

Nachdem inzwischen die später beschriebene Montgomerybrücke oberhalb der zerstörten Rheinbabenbrücke errichtet worden war, konnte mit der eigentlichen Räumung der gesprengten Brücke im Frühjahr 1946 begonnen werden. Die Firma Dortmunder Union Brückenbau A.G. beseitigte die Stahltrümmer. Für das Freigreifen und die Beseitigung der Fahrbahn sowie für das Rammen der Abstützdalben und Joche wurde die Firma Philipp Holzmann A.G., Zweigniederlassung Düsseldorf, und für die Taucher- und Unterwasser-Schneid- und Sprengarbeiten die Firma W. Dahmen, Duisburg, eingesetzt. Die damals bei allen Bauarbeiten üblichen Schwierigkeiten, wie Mangel an geeignetem Gerät, Arbeitskräften, elektrischem Strom, Betriebsstoffen usw., trafen für die Arbeiten in Wesel ganz besonders zu, weil die Stadt restlos zerstört war und von dort aus weder Arbeitskräfte noch Unterkünfte, Baustoffe, Geräte oder Hilfsmittel beschafft werden konnten.

Zur Erweiterung der Schiffahrtsrinne begann man zuerst mit dem Abbau des Kragarmes und des Portals am linksrheinischen Strompfeiler. Mit einem Derrick, der auf einem Teil der über dem zerstörten Pfeiler erhaltengebliebenen Brückenfahrbahn errichtet war, wurden die Arbeiten ausgeführt. Der Kragarm selbst wurde, um ein weiteres Abstürzen in die Schiffahrtsrinne zu verhindern, mit 2 Jochen gesichert. So konnte der Teil über dem linken Strompfeiler ohne großen Aufwand an schwimmendem Gerät abgebaut und damit die Schiffahrtsrinne nach links bis zum Pfeiler erweitert werden. Im Anschluß daran mußten zwischenzeitlich Unterwasserräumarbeiten an der stromabwärtigen Eisenbahnbrücke Wesel durchgeführt werden, um auch dort die notwendige Schiffahrtsrinne zu gewährleisten. Gleichzeitig baute die Firma Holzmann die Fahrbahndecken, den Unterbeton, die Fußgängerstege usw., soweit sie über Wasser lagen, ab. Erst Ende 1946 konnte mit der Räumung der rechts an die Hauptöffnung anschließenden Öffnung begonnen werden, die im Zusammenhang mit der stromaufwärtigen Behelfsbrücke als Schiffahrtsrinne dringend benötigt wurde. Die Arbeiten wurden wegen des Hochwassers im Winter 1946/47 mit nachfolgendem Eisgang unterbrochen. Im März 1947 endlich konnte die Konstruktion durch Taucher, im Schutze einer Taucherschutzwand, zerschnitten und mit einem 100-t-Bock der Firma Dortmunder Union Brückenbau A.G., einem 50-t-Bock der Firma Karl Lorenz, Leer (Ostfriesland) und einem 200-t-Bock der Firma Heinrich Hirdes, Duisburg, geborgen werden. Ein Teil der noch zusammenhängenden Konstruktion wurde zunächst mit 200-t-Pressen auf Abstützjochen über die Wasserlinie hochgehoben, dann mit Böcken abgehoben und an Land gelegt. Im April 1948 wurden diese Arbeiten beendet.

Zu gleicher Zeit sind die Landüberbauten durch die Dortmunder Union abgebrochen worden, wobei die noch brauchbaren Teile zur Wiederverwendung an anderer Stelle abtransportiert wurden. Eine Tauchergruppe räumte währenddessen mit Hilfe eines 70-t-Bockes herumliegende Trümmerteile.

Es blieb noch die Entfernung der versandeten Konstruktion der Hauptöffnung, welche in der Zeit von September 1948 bis Juli 1949 in 2 Abschnitten durchgeführt wurde. Mit den Arbeiten waren mehrere Tauchergruppen mit einem 200-t-Bock eingesetzt. Zum Schutze der Taucher gegen die Strömung mußten auch hier große Taucherschutzwände erstellt werden. Eine Trennung der Arbeit in 2 Abschnitte war notwendig, um die Schiffahrt durch den jeweils freien Abschnitt leiten zu können. Das Freilegen der Konstruktion erfolgte mit Greifbaggern und Mammutpumpen, die sich bei diesen Arbeiten bestens bewährt haben. Im Juli 1949 konnte die Öffnung für die Schiffahrt endgültig freigegeben werden. Das gesamte Gewicht der Brücke hatte 4790 t betragen, wovon durch die Wasser- und Schiffahrtsdirektion etwa 4600 t geräumt wurden. Es ist anzunehmen, daß noch kleinere Teile der Brücke, die durch die Sprengungen abgerissen wurden, in der Stromsohle liegen und infolge Versandung nie mehr oder nur durch Zufall zum Vorschein kommen werden.

Die Leitung der Arbeiten zur Beseitigung der Trümmer hatte die Wasser- und Schiffahrtsdirektion Duisburg mit den Herren Wasserstraßendirektor Straat und Regierungs- und Baurat Häringer, sowie das Wasser- und Schiffahrtsamt Wesel mit Herrn Regierungs- und Baurat Dr.-Ing. Hibben.

Die Montgomerybrücke

Allgemeines

Die alliierten Truppen (Amerikaner) hatten in den Monaten April/Mai des Jahres 1945 oberhalb der zerstörten Rheinbabenbrücke eine Behelfsbrücke auf 35 Pfahljochen gebaut. Abb. 14. Die Jochabstände betrugen im Durchschnitt ca. 16 m; etwa in der Mitte befand sich eine Durchfahrtsöffnung von 27,80 m. Der Überbau bestand aus IP 38 mit aufgelegter hölzerner Fahrbahn. Für die Durchfahrtsöffnung waren IP 100 verwandt. Die Gesamtbreite zwischen den Geländern betrug 9,00 m, die Breite der Fahrbahn 7,00 m.

Schon bald zeigte sich, daß diese Behelfsbrücke in keiner Weise dem Verkehr gewachsen war. Zudem war die Gründung nur behelfsmäßig erfolgt. Unterspülungen der Pfeiler waren zu erwarten. Hochwasser und Eisgefahr konnten den Bestand der Brücke auf das äußerste gefährden. Ein geregelter Schiffsverkehr war wegen der engen Jochabstände nicht möglich. In Verhandlungen zwischen dem Pionierstab der engl. 1. Rheinarmee und der deutschen Straßenbauverwaltung beim damaligen Oberpräsidenten der Rheinprovinz in Düsseldorf wurde daher die Errichtung einer Bailey-Brücke beschlossen, deren System und Aufbau sich bereits an vielen anderen Stellen bewährt hatte. Ein Vorbild für die Ausführung in Wesel gab es allerdings hinsichtlich der Spannweiten und Gesamtlänge nicht.

Bailey-Brücken haben ihren Namen nach ihrem englischen Konstrukteur Bailey, der das Brückensystem als schnell auf- und abbaufähige Kriegsbrücke entwickelt hatte. Jede Bailey-Brücke wird aus einzelnen genormten Teilen zusammengesetzt, die durch Bolzen und Schrauben miteinander verbunden werden. Abb. 15. Das Grundelement ist ein 3,05 m langer und 1,50 m hoher geschweißter Fachwerkrahmen, der bei einem Gesamtgewicht von 256 kg von 6 Mann befördert und eingebaut werden kann. Zur Erhöhung der Tragfähigkeit lassen sich 2 und 3 Fachwerkrahmensysteme nebeneinander zu einem Hauptträger vereinigen und gleichfalls zur weiteren Erhöhung der Tragfähigkeit können 3 Fachwerkrahmensysteme bis zu 3 Hauptträgern aufeinander gesetzt werden. Es ergeben sich damit folgende 7 Arten des Zusammenbaues:

1. einstöckig mit einfachem Fachwerksystem = SS -System
2. einstöckig mit zweifachem Fachwerksystem = DS -System
3. einstöckig mit dreifachem Fachwerksystem = TS -System
4. zweistöckig mit zweifachem Fachwerksystem = DD-System
5. zweistöckig mit dreifachem Fachwerksystem = TD-System
6. dreistöckig mit zweifachem Fachwerksystem = DT-System
7. dreistöckig mit dreifachem Fachwerksystem = TT -System

Die Tragfähigkeit jeder Bailey-Brücke richtet sich nach ihrer Spannweite und dem gewählten Hauptträgersystem. Bei gleichbleibender Spannweite läßt sich demnach die Tragfähigkeit durch entsprechende Änderungen des Hauptträgersystems erhöhen. Bei allen Bailey-Brücken wurden die Werte für Spannweite und Tragfähigkeit englischen Tabellen entnommen. Auffallend ist der starke Durchhang der Bailey-Brücken, hervorgerufen durch den Spielraum in den Bolzenöffnungen, der zur Erleichterung der Montage bewußt gelassen ist.

Jede Bailey-Brücke ist nur einspurig. Um bei Wesel auf der 600 m langen Brücke den Verkehr flüssig halten zu können, wurden 2 Bailey-Brücken, je eine für jede Fahrtrichtung, nebeneinander errichtet. Der Abstand zwischen den beiden Brücken gestattete die Anordnung eines rd. 1,85 m breiten Radweges. An den Außenseiten kragt je ein Fußweg von 1,20 m aus.

Die Lage der Brückenachse wurde so gewählt, daß die unterstromseitige Bailey-Brücke aus später angegebenen Gründen in die Achse der von den Amerikanern vorgeschlagenen Behelfsbrücke zu liegen kam. Die Achse der oberstromseitigen Bailey-Brücke bekam von der Achse der

Unterstrombrücke einen Abstand von 7,32 m. Die zerstörte Rheinbabenbrücke lag etwa 75 m weiter stromabwärts.

Die Gründung Von besonderer Bedeutung war die Art der Gründung. Bei einem normalen Gründungsverfahren mittels Spundwänden und Unterwasserbeton oder mittels Senkkästen hätte die Herstellung der 4 erforderlichen Strompfeiler eine Bauzeit von mindestens 6 Monaten erfordert. Diese Zeit erschien zu lang. Nach langwierigen Untersuchungen und Verhandlungen wurde beschlossen, die Pfeiler mittels Frankipfählen herzustellen, weil man hoffte, dadurch die Pfeiler in einer Zeit von 8 Wochen ausführen zu können. Die hier verwendeten Frankipfähle bestanden aus Eisenrohren mit Spitzen. In die Rohre wurden Stahlbewehrungen eingehängt und das Ganze mit Beton im Mischungsverhältnis 400 kg Zement je cbm Fertigbeton ausgefüllt. Im Gegensatz zu anderen Ausführungen wurden die Pfähle nicht mit wulstartiger Verbreiterung der unteren Pfahlenden ausgeführt.

Am 24. August 1945 wurde der Frankipfahl-Baugesellschaft in Düsseldorf der Auftrag für die Ausführung der Gründungsarbeiten, soweit sie die Herstellung von Betonpfählen betrafen, erteilt.

Da die Oberkante der amerikanischen Behelfsbrücke etwas tiefer als die Unterstrom zu errichtende neue Bailey-Brücke lag, konnte die amerikanische Brücke

1. als Rammbühne für das Schlagen der Frankipfähle,
2. als untere Schalung für die Pfeilerköpfe, soweit sie im Bereich der amerikanischen Behelfsbrücke lagen,
3. als Arbeitsbühne für die Betonierungsarbeiten und
4. als Montagegerüst für die Bailay-Überbauten verwendet werden. Abb. 16.

Jeder Pfeiler, mit Ausnahme des Pfeilers V (vgl. die Systemskizze), auf welchem sich das feste Auflager befindet, besteht aus 18 Pfählen, von denen je 3 mit einer Neigung von 6 : 1 nach Oberstrom und Unterstrom geschlagen sind. Bei Pfeiler V wurden zur Aufnahme der Horizontalkräfte noch 4 weitere Pfähle mit Neigung quer zur Stromrichtung angeordnet, so daß bei Pfeiler V im ganzen 22 Pfähle gerammt wurden. In halber Höhe sind die Pfähle durch 60 cm starke Betonplatten im Mischungsverhältnis 300 kg Zement auf 1 cbm Fertigbeton verbunden. Ihre Köpfe tragen die Auflagerbank. Abb. 17.

Zur Aufnahme der Horizontalkräfte in Richtung der Fahrbahn waren Diagonalverstrebungen aus Rundeisen erforderlich, deren Rohrschellen für eine Zugkraft von 9 t dimensioniert werden mußten.

Mit der Rammung der Pfähle wurde am 2. Oktober 1945 begonnen. Die Brücke sollte möglichst schon vor Eintritt von Hochwasser und Eisgang fertiggestellt sein. Die Beendigung der Rammarbeiten gelang bis zum 20. November 1945.

Inzwischen war die Ausführung der Stahlbetonarbeiten der Firma Philipp Holzmann, Zweigniederlassung Düsseldorf, übertragen worden. Die Herstellung der Bundplatten in halber

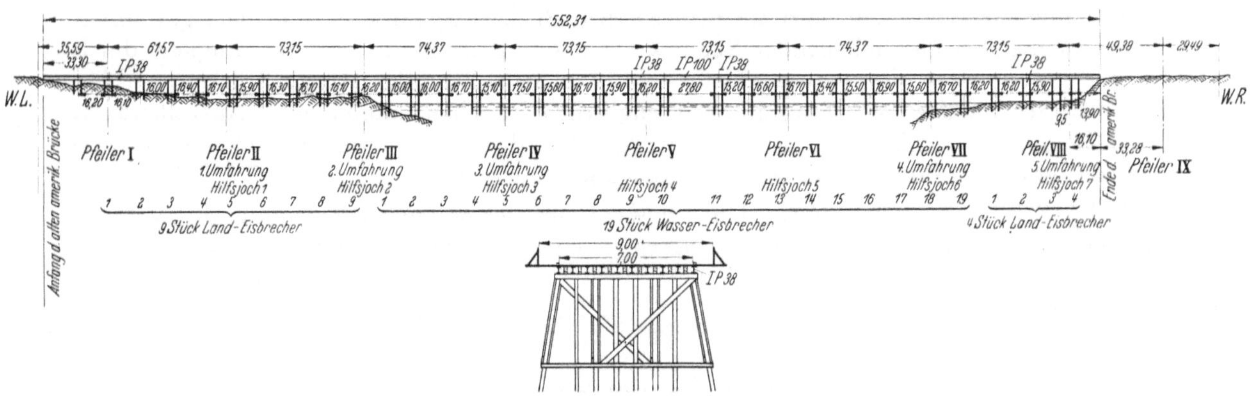

Abb. 14. Systemskizze der amerikanischen Behelfsbrücke.

Abb. 15. Brückensystem „Bailey" im Bau.

Höhe und der Auflagerbänke wurde durch Arbeiten bei Tag und Nacht mit allen Mitteln beschleunigt. Die nötige Zahl von Tiefstrahlern und 2 große Scheinwerfer der Besatzungstruppen gaben das notwendige Licht. Es gelang, die für die Herstellung einer Pfeilerplatte zunächst vorgesehene Frist von 28 Tagen auf 7 Tage herabzudrücken. Abb. 18.

Gleichzeitig mit dem eigentlichen Brükkenbau wurden vor den Pfeilern Eisbrecher von der Firma Philipp Holzmann errichtet: 4 große Eisbrecher vor den Pfeilern im eigentlichen Strombett (Pfeiler IV bis VII) und 3 kleinere Eisbrecher vor den Pfeilern II, III und VIII im Vorflutgelände.

Bei den großen Eisbrechern besteht der Unterbau aus je 17 Frankirohrpfählen.

Die kleineren Eisbrecher sind auf je 11 senkrecht gerammten Holzpfählen gegründet. Die Aufbauten der Eisbrecher sind bei beiden Arten in Holzkonstruktion ausgeführt worden, die durch doppelte Schalung von 8 bzw. 4 cm Stärke verkleidet und zum Schutze gegen Feuchtigkeit mit Blechen beschlagen wurden.

Abb. 16. Amerikanische Behelfsbrücke als Rammbühne.

Die Gesamtanordnung der Überbauten ist in Abbildung 19 schematisch dargestellt. Die beiden Mittelöffnungen zwischen den Pfeilern IV und VI wurden durch einen durchgehenden Überbau von je 73,15 m Spannweite überbrückt. Nach beiden Seiten kragt der Überbau je 15,54 m weit aus. Über die Pfeiler II und III sowie über die Pfeiler VII und VIII sind ebenfalls auf beiden Seiten auskragende Überbauten bei einem Stützenabstand von 73,15 m bzw. 73,50 m gelegt. In die Zwischenräume wurden kürzere Überbauten eingehängt, so daß insgesamt eine Art Gerberträger-System entstanden ist. Die Überbauten liegen in ihrem mittleren Teil horizontal, nach den Widerlagern zu haben sie ein Gefälle von 1 : 40; die Gesamtlänge der Brücke beträgt 6,19,82 m.

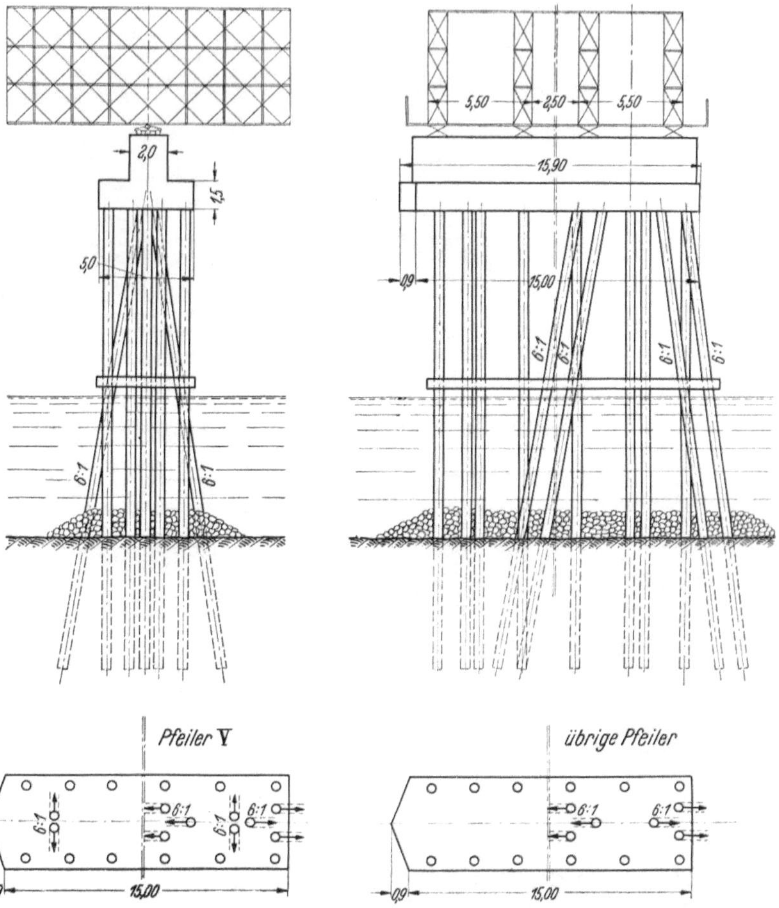

Abb. 17. Pfahlgründung.

Der Überbau

Der Aufbau der stählernen Überbauten erfolgte in folgenden Arbeitsgängen:

1. Herstellung des mittleren Überbaues in der Achse der unterstromigen Brücke über den Pfeilern III—V, zunächst nur einstöckig.

2. Längsverschiebung dieses Überbaues über die Mittelöffnung bis zum Pfeiler VI. Abb. 20.

Diese Maßnahme war erforderlich, da zwischen Pfeiler V und VI die alte amerikanische Behelfsbrücke aus schiffahrtstechnischen Gründen bereits zum großen Teil abgebrochen und damit die Plattform für die Montage des stählernen Überbaues beseitigt worden war. Abb. 21.

3. Aufbau der übrigen Überbauten in der Achse der unterstromigen Brücke, einstöckig.

4. Querverbindung der einzelnen Überbauten in die Achse der oberstromigen Brücke um 7,32 m.

Abb. 18. Herstellung des Pfeilers VI.

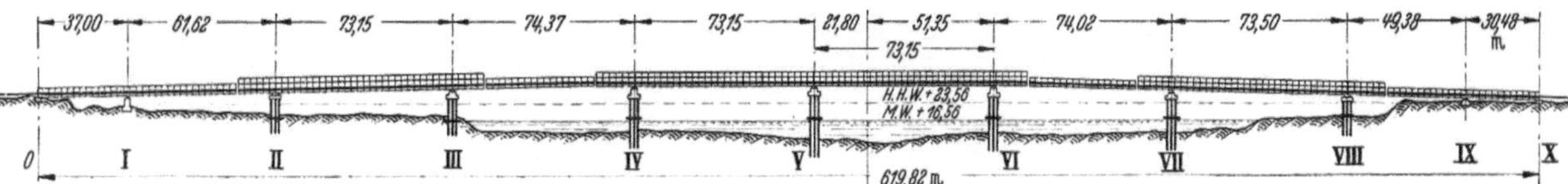

Hierbei wurden zuerst die auskragenden Überbauten in die endgültige Lage verschoben und dann die eingehängten Überbauten auf besonderen Hilfskonsolen, die auf den Enden der Kragarme angebracht waren.

5. Aufstocken der oberstromigen Überbauten. Abb. 22.

6. Aufbau der Überbauten der unterstromigen Brücke wie unter 1., 2., 3. u. 5.

Die Aufstellung der stählernen Überbauten nahmen ausschließlich englische Pioniereinheiten vor. Abb. 23.

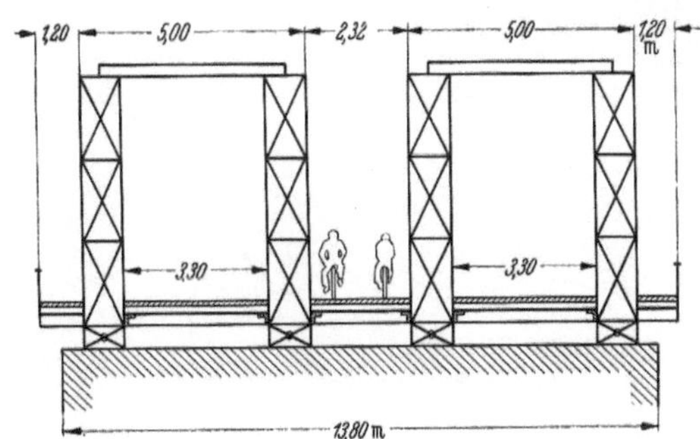

Abb. 19. System der gesamten Überbauten.

An beiden Enden hat die Brücke als Abschluß je ein Portal erhalten. Die Portale tragen den Namen des an der Erzwingung des Rheinüberganges maßgeblich beteiligten englischen Heerführers Feldmarschall Montgomery. Seitlich waren Tafeln angebracht zur Erinnerung an den Brückenbau und die dabei beteiligten englischen Truppenteile. Abb. 24.

In der in Anbetracht der damaligen Verkehrsverhältnisse, des Mangels an Arbeitskräften sowie Materialien und des Wiederaufbaues aller staatlichen Stellen unerhört kurzen Bauzeit von nur 5 Monaten konnte die Brücke dem Verkehr übergeben werden. Dies war nur möglich durch die reibungslose Zusammenarbeit des Pionierstabes 14. AGRE (Army Group Royal Engineers)

Abb. 20. Längsverschiebung des ersten Überbaues zur Mittelöffnung.

Abb. 21. Freie Mittelöffnung zwischen Pfeiler V und VI.

der englischen Rheinarmee, der nordrheinischen Straßenbauverwaltung in Düsseldorf und den deutschen Unternehmen Frankipfahl-Baugesellschaft und Philipp Holzmann A. G., beide in Düsseldorf. Arbeitskräfte, Bau- und Betriebsstoffe, Geräte und Fahrzeuge beschaffte der Pionierstab (Oberst Osborn, Major Freeman und seine Mitarbeiter) stets schnell und ausreichend.

Am 5. Februar 1946 wurde die Brücke nach einer großen Truppenparade in Gegenwart nur weniger*), besonders geladener deutscher Gäste dem Verkehr übergeben.

Die verhältnismäßig schnelle Durchführung der Bauarbeiten hatte mit der Prüfung der statischen Berechnung und der Klärung hierbei auftretender Fragen nicht Schritt gehalten. Infolge der bei der deutschen Straßenbauverwaltung aufgetretenen Bedenken hinsichtlich der zulässigen Tragfähigkeit wurden nach mehrfachen Verhandlungen auf das anhaltende Drängen der deutschen Brückenbauleitung zwei Maßnahmen nachträglich vorgenommen:

a) Eine Probebelastung zur Nachprüfung der Tragfähigkeit der Frankipfähle und entsprechende Einstufung der Tragfähigkeit der Brücke.

*) Dies entsprach den damaligen politischen Verhältnissen.

Abb. 22. Aufstockung des Überbaues in der Mittelöffnung.

b) Eine Verstärkung der Bailey-Überbauten in den weitgespannten Öffnungen an den Stellen der größten Biegemomente und größten Querkräfte.

Am 24. Juli 1946 konnte in der Nähe des Pfeilers III ein gerammter Frankipfahl einer Probebelastung unterzogen werden. Der Probepfahl sollte als den Bedingungen entsprechend angesehen werden, wenn er nach Aufbringung der Vollast von 200 t für 1,5fache Sicherheit zur Ruhe kommen würde. Die Last wurde in 3 Stufen aufgebracht. Der Pfahl wurde zunächst mit 125 t belastet, dann mit 175 t. Unter dieser Last blieb der Pfahl 3 Tage stehen. Die dritte Belastung wurde bis zu 200 t durchgeführt, die als Grenzwert verlangt war. Da der Pfahl erst bei 225 t Belastung stark abging, konnte die Probebelastung des Pfahles als bestanden angesehen werden.

Abb. 23. Ansicht der fertigen Brücke.

Abb. 24. Brückenportal Büdericher Seite.

Die von deutscher Seite gegen die beabsichtigte Zulassung der militärischen Klasse 40 mit Fahrzeugabstand erhobenen Bedenken wurden nach zweimaliger örtlicher Besichtigung vom Erfinder Bailey anerkannt. Verstärkt wurden daher die Tragwerke über den Pfeilern II—VIII und zur Deckung der Momente die Gurte zwischen Pfeiler II—III und Pfeiler VII und VIII. Diese Arbeiten, für welche die englische 187. Stahlbaukompanie und die Firma Gebr. Schmitz, Maschinenfabrik, Wesel, eingesetzt wurden, konnte nur unter Sperrung der in Frage kommenden Fahrbahn ausgeführt werden. Während dieser Zeit wurde der Verkehr unter Benutzung von Lichtsignalen wechselseitig über nur eine Fahrbahn geleitet.

Die Unterhaltung

Die Unterhaltung der Montgomery-Brücke erfolgte zunächst durch eine englische Pioniereinheit, verstärkt durch eine deutsche Gefangenenkompanie. Im April 1946 erging jedoch Anweisung an die deutsche Straßenbauverwaltung, 20 Arbeitskräfte als zivile Unterhaltungsgruppe bereitzustellen. Durch Schreiben des britischen Hauptquartiers vom 13. Januar 1947 wurde die Instandsetzung der Brücke endgültig der deutschen obersten Landes-Straßenbaubehörde übertragen. Auch die entsprechenden Kosten waren von dieser aus dem Besatzungskostenhaushalt zu übernehmen. Die Verkehrskontrolle auf der Brücke wurde von englischer Militärpolizei ausgeübt, bis sie von deutscher Polizei übernommen werden konnte. Für die Unterhaltung der Brücke gab das britische Hauptquartier sehr eingehende Anweisungen im Hinblick darauf, daß die Brücke nur einen Sicherheitsfaktor von 1,5 besitzt.

Unter den damaligen Verhältnissen, insbesondere weil infolge der sogenannten Entnazifizierung den Behörden Beamte, Angestellte und Arbeiter fehlten und aus wirtschaftlichen Erwägungen, übertrug man der Firma Gebr. Schmitz, Wesel, die Unterhaltungsarbeiten. Neben der laufenden Unterhaltung wurden eine Entrostung und ein Anstrich der Brücke notwendig und häufig war der Holzbelag zu erneuern.

In den einzelnen Jahren wurden ausgegeben:

1946	12 061,79 RM
1947—1948 (bis zur Währungsreform)	620 965,50 RM
	633 027,29 RM
1948 (nach der Währungsreform)	415 321,24 DM
1949	384 981,16 DM
1950	350 790,65 DM
1951	340 101,35 DM
1952—1953 (bis 28. Februar 1953)	199 105,77 DM
	1 690 300,17 DM

Dank der sorgfältigen Unterhaltung der Brücke, deren Überbauten ein Gewicht von ca. 6720 t haben und die aus ca. 85 000 Einzelteilen zusammengesetzt sind, haben sich weder bemerkenswerte Schäden gezeigt, noch haben sich Unfälle ereignet. Außerhalb der Wartung durch die Firma Schmitz, Wesel, wurden durch die Straßenbauverwaltung in geringen Abständen Prüfungen der Durchbiegungen und seitlichen Verschiebungen vorgenommen, um schon die geringste Unregelmäßigkeit an der Brücke rechtzeitig erkennen und entsprechende Maßnahmen treffen zu können.

Abb. 25. Eisversetzung an der Brücke.

Infolge der vorgenannten außerordentlich hohen Unterhaltungskosten war die Wiederherstellung der zerstörten Rheinbrücke für alle beteiligten Stellen eine zwingende Notwendigkeit. Zudem handelt es sich um eine Konstruktion, die trotz der getroffenen technischen Maßnahmen gegen die Gefahren durch Hochwasser und Eisgang nicht als unbedingt sicher anzusehen ist. Die strenge und anhaltende Kälte im

Abb. 26. Eisversetzung an der Brücke.

Winter 1946/47 mit starkem Treibeis brachte die Brücke in höchste Gefahr. Das Eis setzte sich an den Eisbrechern und Strompfeilern fest und bildete eine (bis auf eine kleine Lücke zwischen den Pfeilern V u. VI) geschlossene Eisfläche. Abb. 25 u. 26.

Abb. 27. Hebung des Schleppers „Modi".

Nur durch den Einsatz von Eisbrecherschiffen und von englischen Pionieren durchgeführte Eissprengungen konnte die Brücke im ersten Winter ihres Bestehens vor dem Zusammensturz bewahrt bleiben. Die Montgomery-Brücke mit ihren verhältnismäßig kleinen Durchfahrtsöffnungen bietet für die Schiffahrt ein störendes Hindernis. Hinzu kommen, insbesondere bei hohen Wasserständen, schwierige Strömungsverhältnisse, die von den Schiffsführern großes navigatorisches Können verlangen. Wenn auch im Benehmen mit der hierfür zuständigen Wasserstraßen- und Schiffahrtsdirektion Duisburg alles getan wurde, um die Schiffahrt vor den Gefahren an der Brücke und diese wiederum vor Beschädigungen durch die Schiffahrt zu bewahren, so ist es doch zu zahlreichen Schiffsunfällen gekommen, von denen einige zum Totalverlust von Schiffen und zu Beschädigungen der Brücke bzw. der Eisbrecher führten. Unter anderem mußte der holländische Schlepper „Modi", welcher unmittelbar an einem Eisbrecher sank, durch die Wasserstraßen- und Schiffahrtsdirektion geborgen werden. Abb. 27.

Über 7 Jahre hinaus hat die Montgomery-Brücke dem Verkehr zwischen beiden Ufern gedient. Ihr Abbruch ist sofort nach der Verkehrsübergabe der neuen Brücke vorgesehen.

DIE NEUE STRASSENBRÜCKE ÜBER DEN RHEIN BEI WESEL

Die neue Rheinbrücke bei Wesel.

DIE NEUE BRÜCKE

Die Vorarbeiten

Die Planung

Auf Anregung des Verkehrsministeriums in Düsseldorf als der obersten Straßenbaubehörde des Landes Nordrhein-Westfalen fand am 5. Februar 1948 die erste Vorbesprechung für eine Wiederherstellung der zerstörten Rheinbrücke mit Vertretern des Baulastträgers der Brücke, dem Zweckverband für die Rheinbrücke Wesel—Büderich, in Düsseldorf statt. Hierbei zeigte sich, daß noch nicht alle Stellen von der Vordringlichkeit der Wiederherstellung der Rheinbrücke bei Wesel überzeugt waren, und es wurden Befürchtungen laut, daß der von anderer Seite für wichtiger gehaltene Wiederaufbau der Rheinbrücke Duisburg—Homberg hierdurch zurückstehen müsse. Die Vertreter des Zweckverbandes erklärten sich jedoch bereit, die Sache als Verbandsangelegenheit zu beraten und das Ergebnis bekanntzugeben. Am 4. Mai 1948 teilte der Oberkreisdirektor des Landkreises Rees, Freiherr Dr. von Bönninghausen, als derzeitiger Verbandsvorsteher dem Verkehrsministerium mit, daß der Zweckverband in seiner Sitzung am 3. Mai 1948 nach Vorliegen entsprechender Resolutionen der Landkreise Moers und Rees sowie der Stadtvertretung Wesel den Wiederaufbau der Brücke beschlossen habe.

Da das westliche Widerlager, die Vorlandpfeiler und zumindest die Fundamente der Strompfeiler erhalten geblieben waren, erschien es wirtschaftlich, den Wiederaufbau mit den früheren Spannweiten vorzusehen. Im Interesse der Schiffahrt und auf Anregung der Wasser- und Schiffahrtsdirektion Duisburg wurde dennoch die Frage geprüft, ob die alten Stellungen der Strompfeiler beibehalten oder solche an neuer Stelle gebaut werden sollten. Zur Entscheidung dieser Frage war von Wichtigkeit, ob die alten Strompfeilerfundamente wieder benutzt werden konnten. Mit der Untersuchung dieser Frage wurde als Sachverständiger Prof. Pirlet in Köln beauftragt. In seinem Gutachten vom 28. April 1949 brachte Prof. Pirlet zum Ausdruck, daß kein Anlaß vorliege, die vorhandenen Gründungen preiszugeben. Sie ließen sich in jedem Falle mit relativ geringen Kosten sichern oder ergänzen. Auf Grund des abgegebenen Gutachtens erfolgten die weiteren Verhandlungen, Ausschreibungen und Entwurfsarbeiten unter Beibehaltung der alten Pfeilerstellungen durch den Zweckverband unter der tatkräftigen Leitung des derzeitigen Verbandsvorstehers und seines Kreisbaurats Brünninghoff.

Die Vorentwürfe

Am 6. Juli 1948 reichte die Firma Stahlbau Rheinhausen unaufgefordert dem Verkehrsministerium 2 Vorschläge für die Wiederherstellung der Brücke ein, welche an den Zweckverband weitergeleitet wurden. Anlaß zu den Vorschlägen der Firma Stahlbau Rheinhausen war der Umstand, daß die Firma im Besitz großer Mengen von SKR-Gerät (*S*chaper — *K*rupp — *R*eichsbahn) war, einer Kriegsbrückenkonstruktion, welche durch die Firma Stahlbau Rheinhausen (früher Krupp) im Benehmen mit Geheimrat Schaper als zuständigem Dezernenten für Brückenbau im Reichsverkehrsministerium und der Deutschen Reichsbahn während des letzten Weltkrieges entwickelt worden war. Die beiden Vorschläge sahen eine Wiederherstellung der Brücke unter Verwendung der noch brauchbaren Teile mit SKR-Gerät vor. Die für den Wiederaufbau als notwendig ermittelten Stahlmengen betrugen ca. 2400 bis 2600 t.

Bereits vor Eingang dieses Angebotes war jedoch dem Zweckverband durch das Verkehrsministerium empfohlen worden, die Wiederherstellung der Stahlüberbauten unter 4 bis 5 leistungsfähige Stahlbaufirmen auszuschreiben. Der Zweckverband folgte dieser Anregung insofern, als 3 weitere Firmen zur Abgabe von Vorschlägen aufgefordert wurden. Da die Firma Stahlbau Rheinhausen zunächst lediglich eine SKR-Konstruktion angeboten hatte, wurde ihr freigestellt, im Rahmen der an die 3 anderen Firmen erfolgten Anfragen auch noch ein anderes System vorzuschlagen. Anfang August 1948 gingen die Angebote beim Zweckverband ein und zwar:

		Kosten
Dortmunder Union Brückenbau:		
	Vorschläge I—IV für ein Rautenfachwerk mit verschiedenen Varianten	2 125 000 — 2 296 000 DM
Demag, Duisburg:		
	Vorschlag I Fachwerkträger in alter Form	2 547 000 DM
	Vorschlag II Zügelgurtträger	2 250 387 DM
	Vorschlag III Pfostenloses Strebenfachwerk	2 168 380 DM
	Vorschlag IV Vollwandiger Träger	2 452 280 DM
Gutehoffnungshütte Oberhausen:		
	Vorschlag I Fachwerkträger in alter Form	2 444 660 DM
	Vorschlag II Durchlaufender Parallelträger	2 688 740 DM
Stahlbau Rheinhausen		
	wiederum Ausführung mit SKR-Gerät	2 495 500 DM

Etwa einen Monat später gab die Firma Stahlbau Rheinhausen zwei weitere Vorschläge ab und zwar (Abb. 28):

Vorschlag I: nochmals Ausführung in SKR-Gerät	2 035 000 DM
Vorschlag II: Rautenfachwerk	2 277 000 DM

Die Nachprüfung aller eingegangenen Entwürfe und Angebote ergab, daß ein wirklicher Vergleich der Wirtschaftlichkeit und Zweckmäßigkeit nicht möglich war. Den Firmen waren keine gleichlautenden Angebotsunterlagen durch den Zweckverband zugegangen, und es war den Firmen überlassen worden, von sich aus geeignete Vorschläge zu machen. Es war nur zu natürlich, daß die Angebote vom Firmenstandpunkt aus möglichst günstig gestaltet waren. Dies ging so weit, daß Unterschiede in den Breitenmaßen der eingegangenen Entwürfe festgestellt wurden. Die eingegangenen Angebote konnten daher nur als Ergebnis von Verhandlungen gewertet werden, und dem Zweckverband wurde durch das Landesverkehrsministerium vorgeschlagen, an Hand der vorliegenen Unterlagen nunmehr eine endgültige beschränkte Ausschreibung für die Wiederherstellung des Bauwerkes vorzunehmen.

Am 20. Januar 1949 fand der diesbezügliche Verdingungstermin statt. Außer den bereits beteiligten 4 Firmen waren 4 weitere Firmen zur Angebotsabgabe aufgefordert worden und zwar:

August Klönne, Dortmund,

MAN, Mainz-Gustavsburg,

Jucho, Dortmund,

Hein, Lehmann & Co., Düsseldorf.

Im Verdingungstermin am 20. Januar 1949 wurden angeboten:

			nur Stahlkonstruktion
Gutehoffnungshütte (GHH), Oberhausen			
	Ia	Rautenfachwerk	1 707 900 DM
	Ib	Rautenfachwerk Fahrbahntafel mittragend	1 642 800 DM
	IIa	Strebenfachwerk	1 807 750 DM
	IIb	Strebenfachwerk Fahrbahntafel mittragend	1 697 350 DM
	III	Blechträger ohne Vouten	1 978 050 DM
	IV	Blechträger mit Vouten	1 974 100 DM
	V	Blechträger mit Stabbogen	2 084 010 DM
Deutsche Maschinenfabrik A.G. (Demag), Duisburg			
	I	Strebenfachwerk mit geradem Obergurt	1 999 800 DM
	II	Strebenfachwerk mit gekrümmtem Obergurt	1 951 240 DM
	III	Stabbogen	1 947 296 DM
	IV	Stabbogen mit Versteifungsträger	2 290 500 DM
	V	Kastenträger üblicher Bauart	2 935 660 DM
	VI	Kastenträger mit Verbunddecke	2 817 670 DM

Stahlbau Rheinhausen

I	Rautenfachwerk 12 m Fachwerkhöhe	1 807 225 DM
Ia	wie I als Durchlaufträger	1 807 225 DM
II	Rautenfachwerk 11 m Fachwerkhöhe	2 013 200 DM
III	Rautenfachwerk als pfostenloser Durchlaufträger	2 147 725 DM

Dortmunder Union Brückenbau — nur Stahlkonstruktion

I	Rautenträger	1 704 940 DM
II	Strebenfachwerk	1 814 330 DM
IIIa	Blechträger ohne Vouten	1 978 180 DM
IIIb	Blechträger mit Vouten	1 987 000 DM
IV	Bogen mit Zugband	2 146 400 DM

Klönne, Dortmund

Strebenfachwerk	2 082 500 DM

Jucho, Dortmund

Blechträger und Demontage der Öffnung I	2 668 550 DM

In gemeinsamer Besprechung zwischen dem Landes-Verkehrsministerium und Vertretern des Zweckverbandes am 17. Februar 1949 wurden die eingegangenen Entwürfe erörtert. In die engere Wahl kam eine Ausführung als Strebenfachwerk oder als vollwandiger durchlaufender Träger. Da das Angebot der Gutehoffnungshütte preislich am günstigten lag, die Frage der Finanzierung noch große Schwierigkeiten erwarten ließ und die Beschaffung des Stahles in genügendem Ausmaß unsicher war, wurde den Vertretern des Zweckverbandes die Ausführung des Bauwerkes als pfostenloses Strebenfachwerk nach dem Vorschlag der GHH als wirtschaftlichste Lösung empfohlen. Aus weiter unten behandelten finanziellen Gründen zog sich die Auftragserteilung an die GHH bis Juli 1950 hinaus.

Zwischenzeitlich waren Bestrebungen im Gange, die Ausführung der Stahlbauten als Fachwerkträger nach dem wirtschaftlichsten Angebot der GHH zu verhindern. Hierzu wurden zwei Gründe angeführt, und zwar einmal eine nicht befriedigende ästhetische Wirkung des Fachwerk-

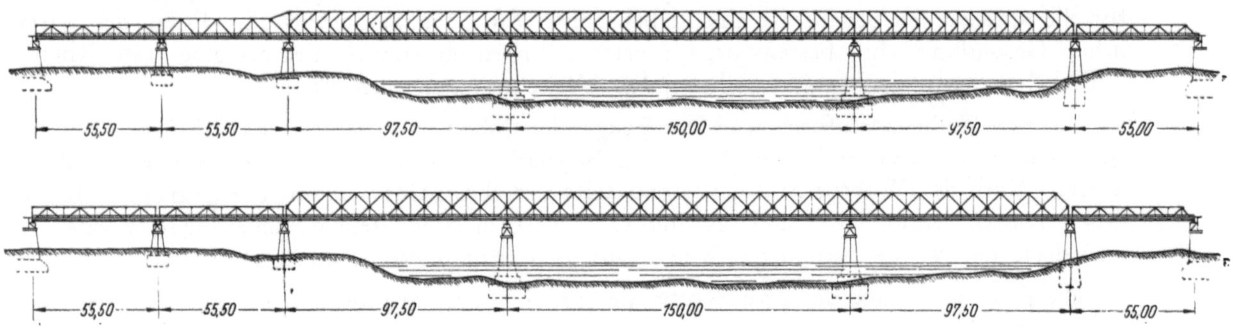

Abb. 28. Vorentwürfe mit SKR-Gerät.

trägers und zum anderen die durch den Zweckverband zuvor geführten Verhandlungen mit der Firma Stahlbau Rheinhausen über die Ausführung der Brücke mit SKR-Gerät, aus welcher ein Anspruch mindestens auf eine maßgebliche Beteiligung an der Ausführung hergeleitet wurde.

Wie bereits ausgeführt, erfolgte der Vorschlag für eine Ausführung als Fachwerkträger in erster Linie aus wirtschaftlichen Gründen. Die von anderer Seite vorgeschlagene Ausbildung als durchlaufender Vollwandträger erwies sich in jedem Falle als teurer. Um über die ästhetische Wirkung ein objektives Urteil zu erhalten, wurde die Ansicht eines namhaften Architekten eingeholt. Herr Prof. Mehrtens von der Technischen Hochschule Aachen erklärte in seinen

Darlegungen, daß sich in der weiten niederrheinischen Landschaft bei Wesel das Bauwerk in der geplanten Ausführung — Vorlandbrücken als Vollwandträger und Stromüberbau als pfostenloses Strebenfachwerk — gut in die Landschaft einfügen würde und gegen die Ausführung in ästhetischer Hinsicht keine Bedenken zu erheben wären. Einzelne wichtige Punkte, wie die Übergänge von der Strombrücke zu den Vorlandbrücken und die Ausbildung der Pfeilerköpfe wurden eingehend mit Herrn Prof. Mehrtens besprochen und nach seinen Wünschen gestaltet.

Inzwischen waren Verhandlungen des Zweckverbandes mit der Firma Stahlbau Rheinhausen zu keinem bindenden Ergebnis gekommen. Für den Bauherrn lag auch nach der rechtlichen Seite (Vorverhandlungen) keine Veranlassung vor, dem Mindestfordernden auf Grund der beschränkten Ausschreibung nicht den Zuschlag zu erteilen. Da der Landkreis Moers als Mitglied des Zweckverbandes zumindest an einer Beteiligung der in seinem Kreise ansässigen Firma Stahlbau Rheinhausen interessiert war, und das Landesverkehrsministerium, durch welches nach Klärung der Finanzierung und Übernahme der Bauausführung der Zuschlag an die GHH erfolgte, hierfür Verständnis hatte, entsprach die GHH dem Wunsche des Landesverkehrsministeriums, die Firma Stahlbau Rheinhausen zu $^1/_3$ an den Werkstattarbeiten zu beteiligen. Bereits vorher hatte sich die GHH in einem besonderen Schreiben bereit erklärt, im Falle einer Auftragserteilung die Werkstattarbeiten und die Montage zusammen mit der Dortmunder Union Brückenbau-A.G. auszuführen. Es wurde also einerseits dem herrschenden Geldmangel durch Berücksichtigung des wirtschaftlichsten Angebotes, andererseits den Schwierigkeiten der Stahlbeschaffung durch Beteiligung von drei leistungsfähigen Stahlbaufirmen Rechnung getragen.

Die Vorverhandlungen über die Beschaffung der Mittel zum Aufbau der Brücke

Die ersten Besprechungen über den Wiederaufbau der Rheinbrücke bei Wesel wurden, wie bereits erwähnt, Anfang des Jahres 1948 zwischen dem Verkehrsministerium des Landes Nordrhein-Westfalen und dem Zweckverband aufgenommen. Einen breiten Raum in diesen Besprechungen nahm die Frage der Beschaffung der Mittel ein. Zunächst war daran gedacht, dem Zweckverband seitens des Landes für den Wiederaufbau ein unverzinsliches Darlehn zu gewähren, wobei dem Zweckverband das Recht der Brückengelderhebungen zugestanden werden sollte. An dieser Stelle möge darauf hingewiesen werden, daß im Lande Nordrhein-Westfalen sämtliche elf Straßenbrücken über den Rhein zerstört worden sind. Sie alle befanden sich mit nur einer Ausnahme — der Autobahnbrücke über den Rhein bei Rodenkirchen — als selbständige Verkehrsanstalten im Besitz von Städten oder Verbänden. Alle Brückeneigentümer standen am Ende des Krieges bzw. in den nachfolgenden Jahren vor der großen Frage der Wiederherstellung, die für die anliegenden Städte oft eine Lebensfrage war oder wenigstens eine Frage der wirtschaftlichen Gesundung. Ein bestens organisierter Fährbetrieb konnte niemals eine feste Rheinbrücke ersetzen, niemals einen ständig fließenden Verkehrsstrom aufnehmen.

Bis zur Währungsreform war die Frage der Wiederherstellung der Rheinbrücken weniger eine Geldfrage als vielmehr eine Frage der Beschaffung der erforderlichen Baustoffe und Arbeitskräfte. Nach der Währungsreform stand teilweise die Geldfrage im Vordergrund. Alle öffentlichen Kassen waren leer, und es mußte sozusagen von neuem angefangen werden. Dabei erforderte der Wiederaufbau der Rheinbrücken in jedem Einzelfalle mehrere Millionen DM.

Die finanzielle Lage des Zweckverbandes für die Rheinbrücke Wesel—Büderich war besonders ungünstig. Die beiden dem Zweckverband angehörenden Landkreise Moers und Rees sowie die Stadt Wesel litten besonders hart unter Kriegsschäden, weil sich in ihrem Gebiet harte Kämpfe um den Rheinübergang abgespielt hatten. Der wirtschaftliche Aufbau vollzog sich nur sehr langsam, die Steuereinnahmen waren entsprechend gering. Unter Berücksichtigung dieser Umstände war das Verkehrsministerium unter Zustimmung des Finanzministeriums des Landes Nordrhein-Westfalen bereit, die Wiederherstellung der Rheinbrücke Wesel zu 90 % zu finanzieren und gleichzeitig den Tilgungssatz für das Darlehn auf 1 % herabzusetzen. Maßgebend für den einer bisherigen Regelung abweichenden Beschluß waren die hohen vom Land aufzubringenden Unterhaltungskosten für die als vorläufigen Ersatz gebaute Montgomerybrücke, deren Beseitigung nicht nur aus den angeführten finanziellen Gründen, sondern auch im Interesse der Schiffahrt mit allen Mitteln angestrebt wurde.

Anfang 1950 hatte es den Anschein, als ob die künftige Rheinbrücke, wie vorstehend erwähnt, finanziert werden könnte. Immerhin hätte hierbei der Zweckverband nach dem damals von ihm für den Brückenbau veranschlagten Kosten in Höhe von ca. 4 500 000 DM ca. 450 000 DM Eigenkapital und ca. 100 000 DM jährlich für Verzinsung und Tilgung aufbringen müssen.

In einer Entschließung des Zweckverbandes vom 15. Februar 1950 teilte dieser jedoch dem Landesverkehrsministerium mit, daß der Zweckverband mit Rücksicht auf die wirtschaftliche und finanzielle Notlage seiner Mitglieder nicht in der Lage wäre, die vorgesehene finanzielle Belastung auf sich zu nehmen. Fast alle Zweckverbandsmitglieder würden ihr Haushaltjahr mit einem nicht ausgeglichenen Haushaltsplan abschließen müssen. Ferner belaste das Ausmaß des von der Landesregierung für das Rechnungsjahr 1950/51 vorgesehenen Wohnungs-Neubau- und Instandsetzungsprogramms die Mitglieder des Zweckverbandes außerordentlich stark, wobei die kaum tragbare Inanspruchnahme der Kreis- und Gemeindeetats für die Beseitigung der außerordentlich großen Kriegsschäden im niederrheinischen Raum noch hinzu kämen.

Nach mehreren Vorbesprechungen bei dem inzwischen eingerichteten Bundesverkehrsministerium über die Notwendigkeit der Wiederherstellung der Rheinbrücke Wesel und die Schwierigkeiten der Finanzierung, erklärte sich das Bundesverkehrsministerium Mitte März 1950 bereit, dem Vorschlag des Verkehrsministeriums des Landes Nordrhein-Westfalen auf Übernahme der Baukosten je zur Hälfte durch Bund und Land, vorbehaltlich der Zustimmung des Bundesfinanzministers, beizutreten. Ein entsprechender Teilbetrag wurde vorsorglich in dem erstmaligen Haushaltsvoranschlag der neugegründeten deutschen Bundesrepublik vorgesehen Mitbestimmend für die finanzielle Beteiligung des Bundes war die Überführung der Bundesstraße 58, Venlo — Geldern — Wesel — Schermbeck — Haltern über die Rheinbrücke bei Wesel und die immer wieder von der Wasser- und Schiffahrtsdirektion erhobene Forderung auf eine baldmöglichste Beseitigung der Behelfsbrücke (Montgomerybrücke), die ein ständiges Hindernis für die Schiffahrt bilde und an deren Pfeiler es häufig zu schweren Schiffsunfällen gekommen sei. Mit der Übernahme der Wiederherstellungskosten durch Bund und Land wurde noch nicht die Frage entschieden, wer als der spätere Baulast- bzw. Unterhaltsträger für das wiederhergestellte Bauwerk anzusehen sein wird. Der Zweckverband als solcher besteht weiterhin, bis die vorstehende Frage geregelt ist. Ende März 1950 wurde der Zweckverband in vorstehendem Sinne unterrichtet mit dem gleichzeitigen Hinweis darauf, daß infolge Übernahme der Gesamtkosten für die Wiederherstellung die Straßenbauverwaltung des Bundes bzw. des Landes auch die Bauausführung der Brücke übernehmen würde. Zur Einleitung der erforderlichen Maßnahmen wurde die Aushändigung aller entsprechenden Unterlagen erbeten.

Aber noch immer nicht waren alle finanziellen Schwierigkeiten überwunden. Während der Finanzminister des Landes Nordrhein-Westfalen der vorgeschlagenen Regelung dieses Sonderfalles bereits zugestimmt hatte, wurde der im Haushaltsvoranschlag der Straßenbauverwaltung des Bundes vorsorglich eingesetzte Teilbetrag durch den Bundesfinanzminister gestrichen.

Erst nach persönlicher Fühlungnahme des Bundesverkehrsministers mit dem Bundesfinanzminister erfolgte Ende Juni 1950 die Entscheidung dahingehend, daß die erste Rate des Zuschusses des Bundes in den außerordentlichen Haushalt aufgenommen würde. Die Finanzierung der neuen Rheinbrücke konnte damit als endgültig gesichert angesehen werden. Zur Zeit der Verhandlungen mit dem Bundesverkehrsministerium über die Finanzierung waren die Kosten mit 5 Mio DM veranschlagt worden. Unvorhergesehene Lohn- und Stahlpreiserhöhungen, ferner erhebliche Schäden durch Schiffsunfälle, wie Eindrücken der Spundwand um den Strompfeiler V und die Beseitigung vorher nicht feststehender Schäden an Fundamenten und Widerlagern sowie an den Strompfeilern unter Wasser und die Einbeziehung des Baues der benachbarten Lippebrücke in das Bauvorhaben führten zu einer erheblichen Erhöhung der Gesamtkosten auf ca. 7,6 Mio DM. Durch rechtzeitigen Einbau der erforderlichen Mehrmittel in die Haushaltsvoranschläge war jedoch die reibungslose Wiederherstellung der Brücke jederzeit gewährleistet.

In den genannten Kosten sind, wie gesagt, die für die Wiederherstellung der von der Rheinbrücke etwa 200 m entfernten und im gleichen Straßenzug liegenden ebenfalls durch Kriegsmaßnahmen zerstörten Brücke über die Lippe aufgewandten Geldmittel in Höhe von ca. 900 000 DM enthalten. Auch für die Lippebrücke ist der Zweckverband Rheinbrücke

Wesel—Büderich Baulastträger. Da der Wiederaufbau nur der Rheinbrücke ohne den Wiederaufbau der Lippebrücke sinnlos gewesen wäre, der Wiederaufbau der Lippebrücke aber unter den gleichen Bedingungen wie bei der Rheinbrücke von Bund und Land übernommen werden konnte, wurde der Wiederaufbau beider Brücken haushaltsmäßig zusammen erfaßt, zumal bei den erforderlichen Rampenbauten mit ihren zum Teil provisorischen Maßnahmen eine finanzielle Trennung die Verwaltungsarbeit unnötig erschwert hätte. Die Arbeiten für die Wiederherstellung der Lippebrücke wurden im übrigen unabhängig von der Rheinbrücke ausgeschrieben, vergeben und ausgeführt. Günstige Verhältnisse bei der Stahlbeschaffung führten dazu, daß das Bauwerk nach Herstellung einer provisorischen Rampe zur Behelfsbrücke über den Rhein (Montgomerybrücke) bereits am 1. April 1952 dem Verkehr übergeben werden konnte.

Die Entwurfsarbeit und Konstruktion

Allgemeines

Die Planung und Entwurfsarbeit für die Wiederherstellung zerstörter Brücken stellt den Ingenieur vor anders gelagerte Fragen und Entscheidungen, als sie der Neubau einer Brücke mit sich bringt.

Sind die Unterbauten nur teilweise zerstört und in ihrer Fundierung noch gut erhalten, entheben sie den Brückenbauer häufig der Fragestellung nach günstigerer Lage der Brücke, nach Pfeilerstellung und Gliederung des Bauwerks. Sie prägen das Brückensystem und die äußere Wirkung des Gesamtbauwerks und bleiben nicht ohne Einfluß auf die Querschnittsgestaltung.

Müssen bei der Wiederherstellung einer zerstörten Brücke veränderte Verkehrsverhältnisse mit starker Verkehrszunahme auf den Straßen und neuere Forderungen der Schiffahrt berücksichtigt werden, so setzen die Gegebenheiten der vorhandenen Unterbauten einem Wiederaufbau von der rein technischen Seite her sehr enge Grenzen. Neben den technischen zwingen aber auch wirtschaftliche Erwägungen und Fragen der Finanzierung dazu, vorhandene Pfeiler und Widerlager sinnvoll in den Wiederaufbau einzubeziehen, denn die Unterbauarbeiten betragen im allgemeinen 20—25 % der Gesamtkosten. Es gilt, einen Mittelweg zu finden, der den Forderungen des Verkehrs auf den Land- und Wasserstraßen einigermaßen gerecht wird.

Die freigelegten Fundamente der Unterbauten der im Kriege 1939—1945 zerstörten Rheinbrücken zeigen meistens stark klaffende durchgehende Risse, unterschiedliche Setzungen, Zerstörungs-Erscheinungen im Beton infolge der Agressivität des Flußwassers, starke Sprudelstellen usw. Ein gutes Gefühl für tiefbautechnische Fragen und vor allen Dingen Mut waren erforderlich, um durch Stützkonstruktionen — Verklammerung und Umschnürung — erhaltene Fundamentteile zu sichern und voll zu belasten.

Die Pfeiler und Widerlager

Bei der Planung und den ersten Entwurfsarbeiten für den Wiederaufbau der Pfeiler und Widerlager der Rheinbrücke Wesel konnte man die Gründungen zunächst als brauchbar ansehen. Die Ausschreibung der Tiefbauarbeiten behandelte daher zunächst nur den Aufbau der beiden Strompfeiler IV und V und die Umgestaltung der Widerlager und Vorlandpfeiler (vgl. Abb. 31).

Während der völlig zerstörte Strompfeiler IV nach Untersuchung der Fundamente in umspundeter Baugrube von der Niedrigwasserlinie ab neu aufzubauen war, sollte Strompfeiler V nach Möglichkeit erhalten und in seinem stark zerrissenen mittleren Drittel durch eine Stützkonstruktion (Abb. 28a) ge-

Querschnitt C-D
+30,43
neuer Zustand
alter Zustand
Stahlbetonmantel mit Verstärkungrippen
zerstörter innerer Pfeilerkern durch Zementinjektion verfestigt
Abfangen der Werkstein-verblendung
A
B
MW +16,33
IP40
ø 18
IP26
NNW +12,77
+11,90
entfernte Schüttsteinpackung
Umschließungsring
Unterwasserbeton
Ausgleichsbeton
+4,15

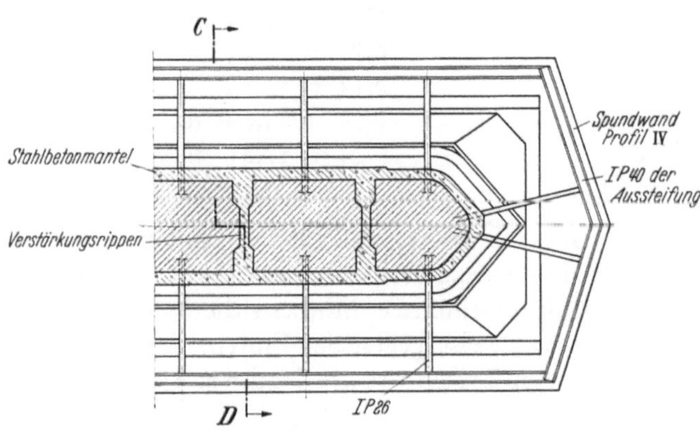

Abb. 28a. Strompfeiler V: Sicherung des zerstörten mittleren Pfeilerdrittels.

sichert werden. Außerdem wurde wegen der gegenüber der alten Konstruktion veränderten Ausführung des Stahlüberbaues eine Erhöhung der beiden Strompfeiler um 3 m erforderlich. Unter Vermeidung der früheren Konsolen und Gliederungen wurde dabei für die neuen Pfeilervorköpfe eine schlichte und einfache Form angestrebt.

Zur Zeit des ersten Aufbaues der Strompfeiler — Ende 1914 — lag die Rheinsohle auf NN + 10,44 und die Strompfeiler waren 6—7 m tief in den Rheinkies gegründet. Inzwischen ist die Rheinsohle durch ständige Erosion des Flußbettes rund 3 m abgesunken, wodurch es im Bereich der Strompfeiler zu einer gewissen Inselbildung gekommen war. Um einer Auskolkungsgefahr der Pfeiler zu begegnen, mußten die Pfeilerbaugruben mit einer bis 3,0 m unter Sohlenunterkante des vorhandenen Senkkastens reichenden Spundwand umschlossen werden.

Die Konstruktion der Flutbrücken als Deckbrücke machte einen Abtrag der Vorlandpfeiler erforderlich. Die Gestaltung der Pfeilerköpfe erfolgte in Anlehnung an die zu erneuernden Strompfeiler. Neben den Pfeilern erfuhren auch die Widerlager eine vollständige neue Formgebung. Die flankierenden Wachttürme (Abb. 13) wurden beseitigt und an ihrer Stelle Parallelflügel mit Böschungskegel ausgeführt. Für die Verkleidung der Pfeiler und Widerlager wurden wie ehemals Bossen und Quader aus Basaltlavasteinen verwandt.

Die Umgestaltung der Pfeiler und Widerlager in Verbindung mit einer Erhöhung der Pfeilerauflasten machte eine Nachrechnung der Boden- bzw. Kantenpressungen erforderlich. Die zulässigen Bodenpressungen wurden zu 5,2 kg/cm² festgesetzt. Die folgende Zusammenstellung gibt die Bodenpressung in der Fundamentfuge der einzelnen Pfeiler wieder:

Bodenpressungen in der Fundamentfuge

Pfeiler Widerlager	Ordinate der Fundamentsohle bez. auf NN	Größte Bodenpressung kg/cm²	Kleinste Bodenpressung kg/cm²
I	13,9	$\sigma_1 = 3{,}48$	2,78
		$\sigma_2 = 3{,}59$	3,33
II	13,94	5,11	2,95
III	12,65	3,57	2,41
IV	5,50	4,35	2,25
V	4,15	4,39	2,19
VI	8,15	4,57	3,07
VII	14,72	$\sigma_1 = 3{,}64$	3,20
		$\sigma_2 = 3{,}45$	2,97

Die kennzeichnenden Wasserstände und Bezugshöhen für die neu zu gestaltende Brücke waren:

1. Pegel 0-Punkt Wesel — NN + 11,250 m
2. NNW im November 1947 — NN + 12,77 m
3. Gl. W. 32 — NN + 14,29 m
4. MW. (1931/40) — NN + 16,33 m
5. H. Sch. W. 1939 Marke II — NN + 21,89 m
6. H. H. W. 1926 — NN + 23,60 m
7. Konstruktionsunterkante am Pfeiler — NN + 31,25 m
8. Freie Durchfahrtshöhe über H. Sch. W. — 9,10 m

Die statische Berechnung der Stahlkonstruktion

Sinn und Zweck der Festigkeitsberechnung ist der Nachweis, daß die errechneten Spannungen für vorgeschriebene Belastungen an keiner Stelle des Bauwerks bestimmte Höchstgrenzen überschreiten. Hinzu kommen Bedingungen hinsichtlich bestimmter Mindestsicherheiten gegen den Eintritt unzulässig großer Verformungen, Stabilitätsnachweise gegen den Eintritt des Knickens von Stäben, des Beulens von Blechen oder des Kippens von Trägern sowie Nachweise der Standsicherheit.

Die Wirtschaftlichkeit des Bauwerks zwingt darüber hinaus den Statiker und Konstrukteur, die neuesten Versuchsergebnisse und Erkenntnisse der Praxis in Verbindung mit den Vorschriften so zu handhaben, daß bei knappestem Materialverbrauch auch eine ästhetisch befriedigende Gesamtwirkung des Bauwerks erzielt wird.

Das für den Wiederaufbau der Strombrücke gewählte System ist ein pfostenloses Strebenfachwerk (Abb. 31).

Zur Zeit der Entwurfsbearbeitung für die Rheinbrücke Wesel lagen noch keine Erfahrungen über vorgespannte Fachwerkbrücken großer Abmessungen mit Verbundwirkung zwischen Fahrbahnplatte und Tragwerk vor. Auch ist heute noch die Wirtschaftlichkeit dieser Brücken umstritten. Bei dem gewählten System eines Strebenfachwerks waren daher Verbundwirkungen zwischen der Stahlbetonfahrbahnplatte und dem Tragwerk nicht erwünscht.

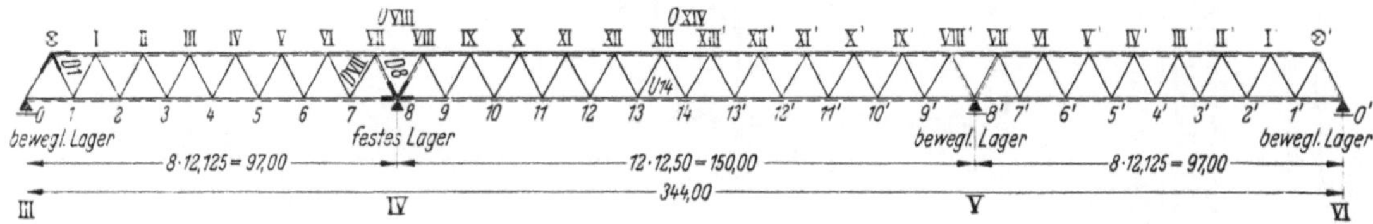

Abb. 29. Systemskizze der Hauptträger.

Der Ermittlung der in der Konstruktion auftretenden größten und kleinsten Beanspruchungen wurden die Vorschriften gemäß DIN 1072, Ausgabe Oktober 1950 (Brückenklasse 60) sowie DIN 1073 zugrunde gelegt. Die statische Berechnung der die Stahlbeton-Fahrbahn sowie Gehwegplatten tragenden stählernen Fahrbahnkonstruktion bietet keine Besonderheiten und bedarf daher keiner näheren Erläuterung. Es mag jedoch eine Untersuchung von Interesse sein, die Aufschluß über jene Nebenspannungen in der Brücke gibt, welche durch Verformung der Untergurte einerseits und die damit verbundenen seitlichen Querträgerverbiegungen andererseits bei der Einwirkung von Verkehrslasten entstehen. Während bei Eisenbahnbrücken im allgemeinen in Entfernungen von höchstens 80 m Fahrbahnunterbrechungen angeordnet werden, um die erwähnten Nebenspannungen in erträglichen Grenzen zu halten, stellte sich bei der Untersuchung dieser Straßenbrücke heraus, daß bei ungünstigster Anordnung der Verkehrslasten Unterbrechungen der stählernen Fahrbahnkonstruktion, welche die Ausbildung von Gelenken und damit teueren Bauelementen notwendig machen, nicht erforderlich wurden. Allerdings dürfte mit etwa 350 m durchlaufender ununterbrochener Fahrbahnkonstruktion bei der gewählten Anordnung von Längs- und Querträgern eine obere Grenze erreicht sein.

Die Berechnung der Hauptträger hatte auf den Montagevorgang Rücksicht zu nehmen. Die Seitenöffnungen wurden über vier Gerüste hinweg montiert, die Mittelöffnung mit Rücksicht auf die Schiffahrt auf ganzer Länge frei vorgebaut. Dies bedeutete, daß das Gewicht der Stahlkonstruktion abzüglich des erst später zu montierenden Gewichtes der Geländer, im Mittel $g_{st} = 2{,}422$ t/m Hauptträger, zunächst nur auf den frei vorkragenden Hauptträger wirkte, während alles übrige Eigengewicht, d. h. Fahrbahnplatte, Bordsteine, Dichtung, Asphaltbelag, Gehwegplatten, Geländer, Rohre und Kabel mit $g_B = 3{,}395$ t/m Hauptträger am durchlaufenden Fachwerkträger zur Wirkung kommt. Die Verkehrslast ergab sich für die vorgesehene Brückenklasse zu $\varphi\, p_{\max} = 2{,}646$ t/m bzw. $\varphi\, p_{\min} = -0{,}077$ t/m Hauptträger. Hierzu kam noch eine Ersatzeinzellast an jeweils ungünstigster Stelle für die $\varphi\, p_{\max}$ überschreitende Belastung vom 60 t-Fahrzeug in Höhe von 40 t.

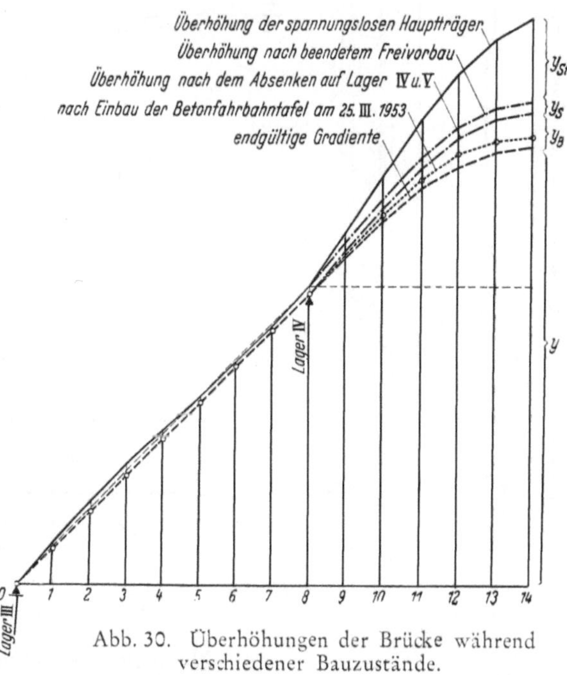

Abb. 30. Überhöhungen der Brücke während verschiedener Bauzustände.

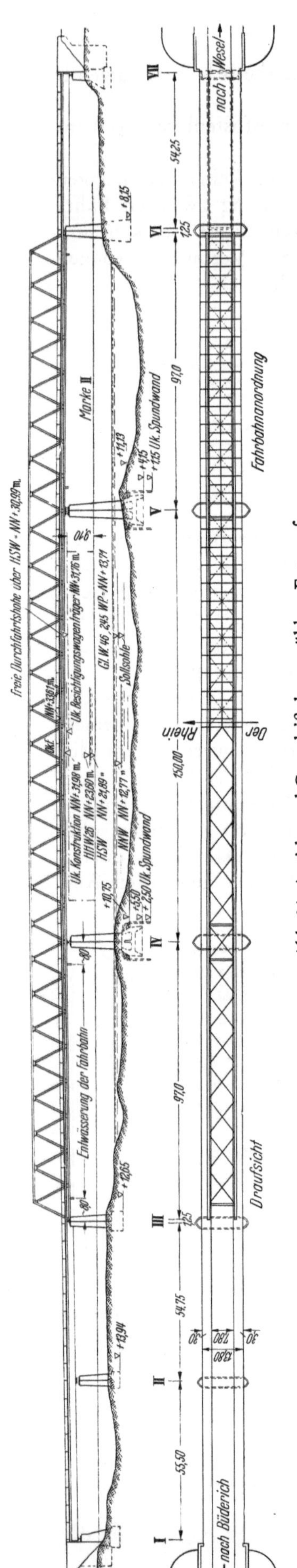

Abb. 31. Ansicht und Grundriß des gewählten Entwurfes.

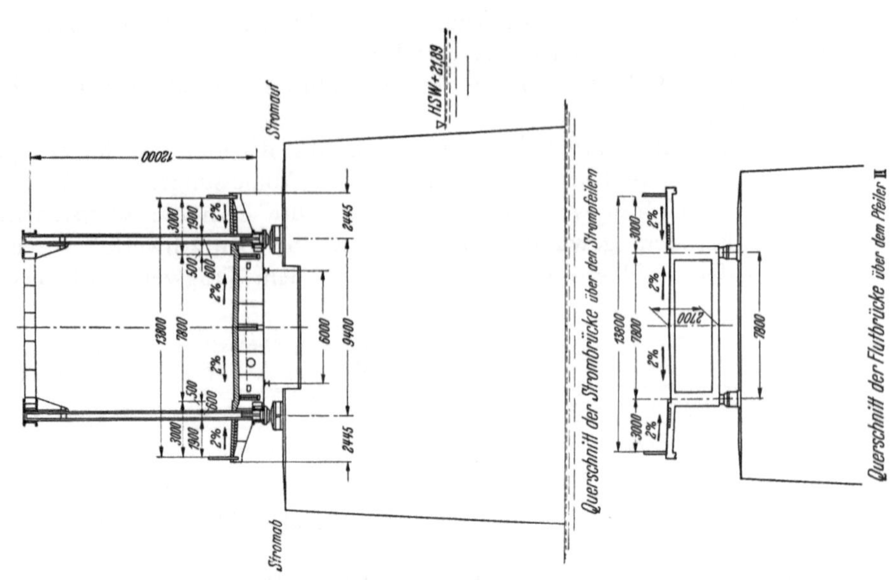

Mit Rücksicht auf die Symmetrie des Systems (Abb. 29) ergab sich bei symmetrischer Belastung die als statisch Unbestimmte X_1 eingeführte Stabkraft des Obergurtes O_{VIII} bzw. $O_{VIII'}$ über den Mittelpfeilern IV und V aus

$$X_1 = -\frac{\delta_{10}}{\delta_{11} + \delta_{12}}, \text{ wobei}$$

$$\delta_{10} = \sum S_0\, S_1 \frac{s \cdot Fc}{F}, \quad \delta_{11} = \sum S_1^2 \cdot \frac{s \cdot Fc}{F} \quad \text{und} \quad \delta_{12} = \sum S_1\, S_2 \cdot \frac{s \cdot Fc}{F}$$

bedeuten.

Stab		Belastungsfall H	Belastungsfall $H+Z$
O_{VIII}	max	+ 1530,50	+ 1676,54
	min	+ 984,26	+ 838,22
O_{XIV}	max	− 176,57	− 41,50
	min	− 721,83	− 856,80
U_8	max	− 803,12	− 617,57
	min	− 1252,14	− 1437,69
U_{14}	max	+ 686,78	+ 874,80
	min	+ 158,88	− 29,14
D_1	max	+ 257,98	+ 270,80
	min	+ 59,46	+ 46,64
D_{VII}	max	+ 636,34	+ 649,16
	min	+ 396,92	+ 384,10
D_9	max	+ 711,79	+ 711,79
	min	+ 419,79	+ 419,79

Lager		Belastungsfall H	Belastungsfall $H+Z$
III	max	+ 288,36	+ 311,08
	min	+ 87,15	+ 64,43
IV	max	+ 1300,92	+ 1369,10
	min	+ 828,49	+ 760,31

Negative Auflagerkräfte treten nicht auf.

Wie bei jedem statisch unbestimmten System, mußte eine Vorberechnung mit voraussichtlich zutreffenden Querschnittswerten für die Stäbe des Fachwerks vorgenommen werden, die dann auf Grund dieser vorläufigen Ergebnisse verbessert wurde. Eine nochmalige Veränderung der Querschnittsflächen war nicht mehr erforderlich. Um die Momentenspitze über den Mittelpfeilern zwecks Vermeidung von konstruktiv unbequemen Stabverstärkungen abzumindern, wurde eine geringfügige Hebung an den Endlagern III und VI als Montagemaßnahme vorgesehen. Durch die Art der Montage und durch obige Maßnahme wurde ein ausgeglichener Verlauf der Momente bzw. Gurtkräfte erzielt. Die größten und kleinsten Stabkräfte sowie die Auflagerdrücke gehen aus der Tabelle auf Seite 32 (vergl. Abb. 29) hervor.

Einen Abschnitt der statischen Berechnung bildete ausgehend von der endgültigen Gradiente der Fahrbahn, die Berechnung der Überhöhung für den Zusammenbau der in der Werkstatt fertig aufzureibenden Hauptträger (Abb. 30).

Die Ordinaten y_0 des Untergurtes des überhöhten Systems ergaben sich aus

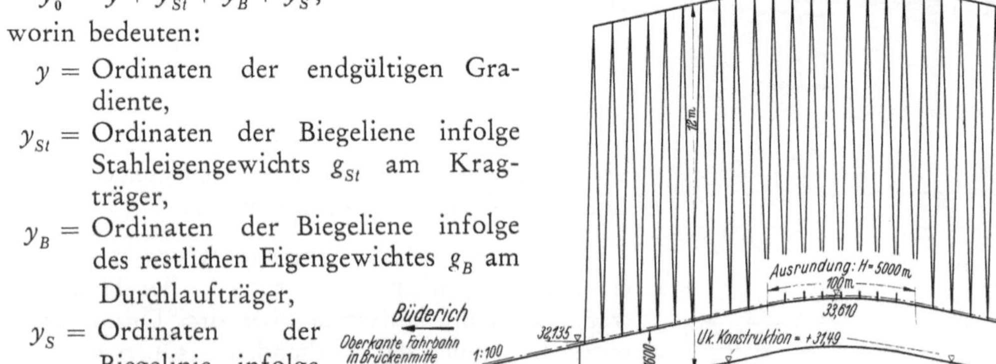

$$y_0 = y + y_{St} + y_B + y_S,$$

worin bedeuten:

y = Ordinaten der endgültigen Gradiente,

y_{St} = Ordinaten der Biegeliene infolge Stahleigengewichts g_{St} am Kragträger,

y_B = Ordinaten der Biegeliene infolge des restlichen Eigengewichtes g_B am Durchlaufträger,

y_S = Ordinaten der Biegelinie infolge der Hebung an den Endlagern um 30 mm.

Die theoretischen Längen der spannungslosen Untergurte fanden sich aus der Bedingung, daß nach beendetem Freivorbau unter Berücksichtigung der Verformung der Stäbe aus der Belastung mit dem Stahleigengewicht die Horizontalprojektion der Abstände der Untergurtsystempunkte konstant bleiben sollte, damit alle Längsträger der Fahrbahn in den Seitenöffnungen und in der Mittelöffnung die gleiche Länge und der untere Windverband gleiche Feldweiten erhielten.

Zur Berechnung der Verformungen gehörte ferner die Bestimmung der Lagerverschiebungen aus Untergurtdehnungen bzw.

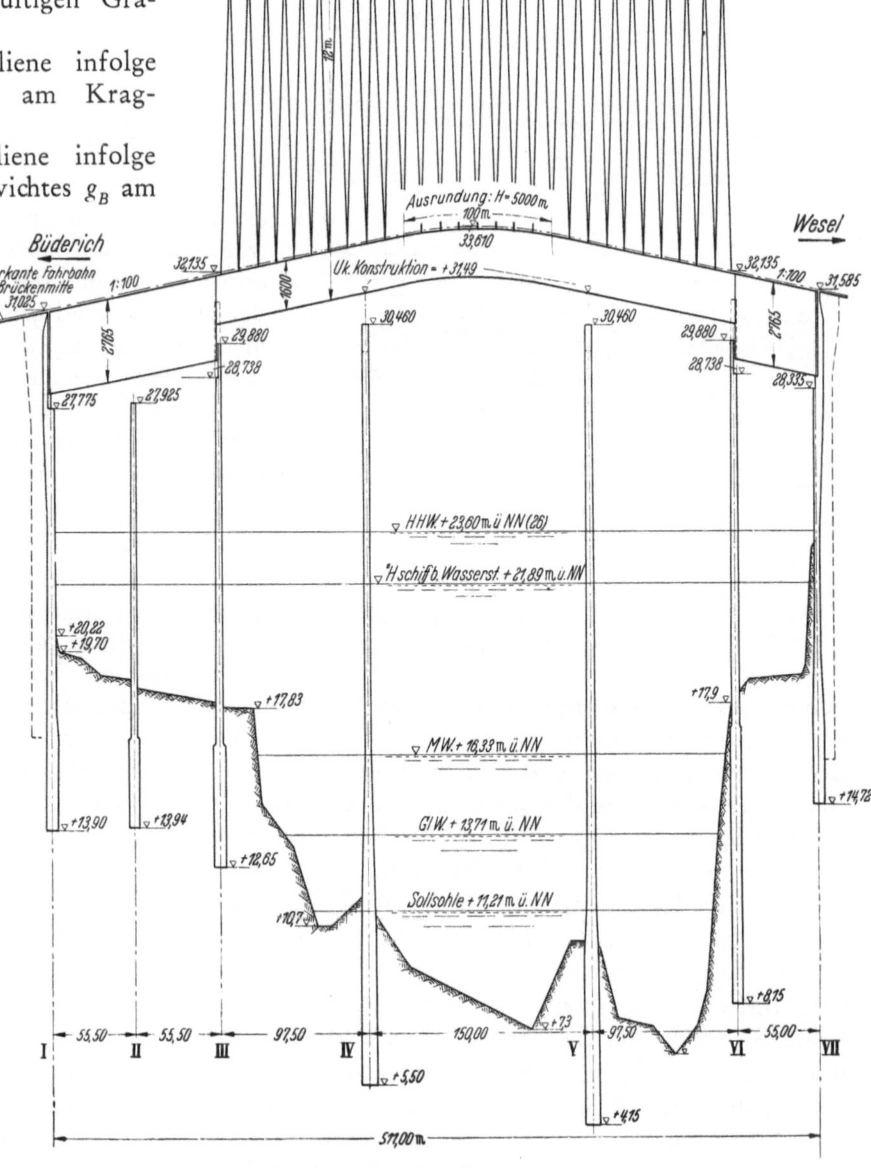

Abb. 32. Längenprofil.

Stauchungen. Das feste Lager befindet sich am Mittelpfeiler IV, und es ergaben sich für die Verschiebungen an den beweglichen Lagern III, V und VI folgende aus Verkehrslasten und aus den Temperaturen herrührende Größt- und Kleinstwerte:

$$\begin{aligned} {}_{\min}v_{\mathrm{III}} &= -\ \ 78{,}6\ \mathrm{mm}, \\ {}_{\max} &= +\ \ 61{,}3\ \mathrm{mm}; \\ {}_{\min}v_{\mathrm{V}} &= -\ 114{,}6\ \mathrm{mm}, \\ {}_{\max} &= +\ \ 80{,}7\ \mathrm{mm}; \\ {}_{\min}v_{\mathrm{VI}} &= -\ 158{,}7\ \mathrm{mm}, \\ {}_{\max} &= +\ 103{,}2\ \mathrm{mm}. \end{aligned}$$

Hierin sind Bewegungen vom festen Lagerweg mit + bezeichnet.

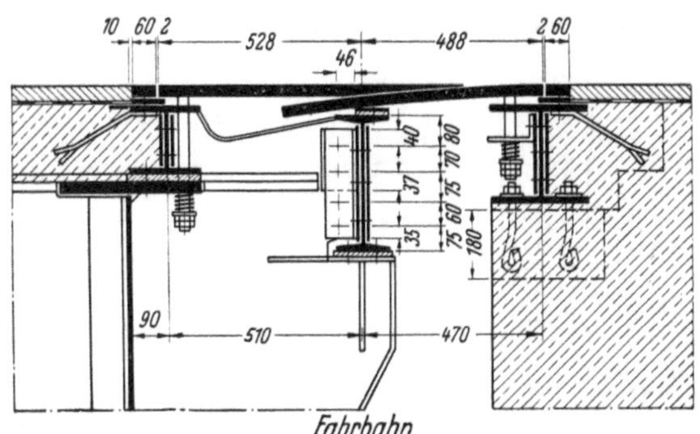

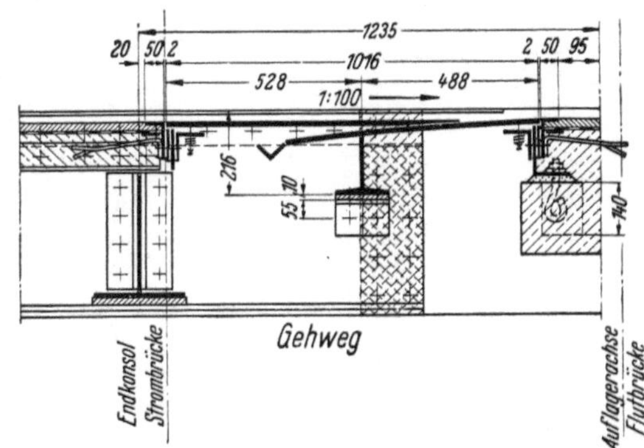

Abb. 33. Bewegliche Konstruktion an den Fahrbahnübergängen.

Die größten rechnerischen Durchbiegungen der Hauptträger infolge Verkehrslasten ohne Berücksichtigung des Schwingbeiwertes betragen:

$$f_{(3)\,p\,\max} = 81{,}6\ \mathrm{mm} = \frac{L_1}{188} \quad \text{und}$$

$$f_{(14)\,p\,\max} = 167{,}0\ \mathrm{mm} = \frac{L_2}{898}, \quad \text{sie sind also}$$

im Vergleich zu den Größtdurchbiegungen an anderen neuen Rheinbrücken gering.

Die Berechnung des unteren Windverbandes erfolgte in gleicher Weise wie die der Hauptträger als Durchlaufträger über drei Öffnungen unter Beachtung der vorhandenen Querschnitte der zum Verband gehörenden Stäbe. Bei der Bemessung auf Zug wurde die gesamte Querkraft einer Diagonale zugewiesen. Mit Rücksicht auf die große Länge wurden die Stäbe, für die sich sehr kleine Abmessungen ergaben, am Kreuzungspunkt am mittleren Längsträger angehängt.

Der obere Windverband legt sich an den Brückenenden gegen schrägliegende Portalrahmen. Über jedem Mittelpfeiler sind zwei in den Diagonalebenen liegende, nach unten V-förmig zusammengeführte Rahmen angeordnet. Das statische System des oberen Windverbandes ist daher ein auf 6 elastischen Stützen, den Portalrahmen, gelagerter durchlaufender Rautenverband, der insgesamt 6 Stabilisierungsstäbe enthält. Werden die Diagonalen und je einer der Gurte im Bereich zwischen den oberen Portalriegeln über den Mittelpfeilern als statisch Unbestimmte eingeführt, verbleiben drei innerlich einfach statisch Unbestimmte, auf elastischen Stützen lagernde Rautenträger. Es handelt sich somit für unsymmetrische Belastungen um ein neunfach statisch unbestimmtes System, sofern der Einfluß der steifen Gurtungen außer acht bleibt. Zur Vereinfachung der Berechnung wurde mit Rücksicht auf die fast gleichen Rahmenwiderstände der Portalrahmen näherungsweise eine starre Lagerung angenommen, wobei die Doppelrahmen zu einem einzigen Lagerpunkt zusammengefaßt und die für dieses idealisierte System berechneten Querkräfte auf je zwei Diagonalen aufgeteilt wurden. Gegen diese Vereinfachung bestanden keine Bedenken, da die größte sich ergebende Stabkraft der Bemessung sämtlicher Diagonalen unter Berücksichtigung abgeminderter zulässiger Spannungen zugrunde gelegt worden ist und da der Rautenverband im Gegensatz zu anderen Systemen nicht so empfindlich gegen Spannungs- und Verformungsänderungen im Hauptträger ist. Die aus dem Eigengewicht der Diagonalen selbst herrührenden Spannungen wurden als Nebenspannungen behandelt.

Die statische Berechnung der Portalrahmen wurde unter Benutzung eines „Elastischen Schwerpunktes“ durchgeführt. Biegungsmomente und Querkräfte werden in den unteren Knotenpunkten der Rahmen durch entsprechend angeordnete lotrechte und waagrechte Schotte übertragen.

Die Festigkeitsnachweise für die Lager bieten keine Besonderheiten. Den Schluß der Festigkeitsberechnung bildet die statische Untersuchung der Brücke während verschiedener Bauzustände. Auf Grund der Ergebnisse dieser Untersuchungen wurden entsprechende Vorschriften für die Montage erlassen sowie die notwendigen Hilfsmaßnahmen zur Sicherstellung der erforderlichen Tragfähigkeit einzelner Bauglieder angeordnet.

Die konstruktive Gestaltung

Nach dem Ausschreibungs-Ergebnis und den örtlichen Gegebenheiten war die Wahl des Brückensystems auf ein pfostenloses Strebenfachwerk (Abb. 31) gefallen. Ein solches Fachwerksystem macht auf den Beschauer einen ruhigen Eindruck, da die vielen Überschneidungen von Stäben, wie sie bei anderen Fachwerken unliebsam in Erscheinung treten, weitgehend wegfallen. Das geringe Gewicht der Stahlkonstruktion dieses Fachwerksystems geht aus einem Vergleich mit anderen Brücken, deren Gewicht an sich schon sehr niedrig ist, hervor, wobei allerdings auch die geringere Stützweite der Weseler Brücke berücksichtigt werden muß (s. Tabelle).

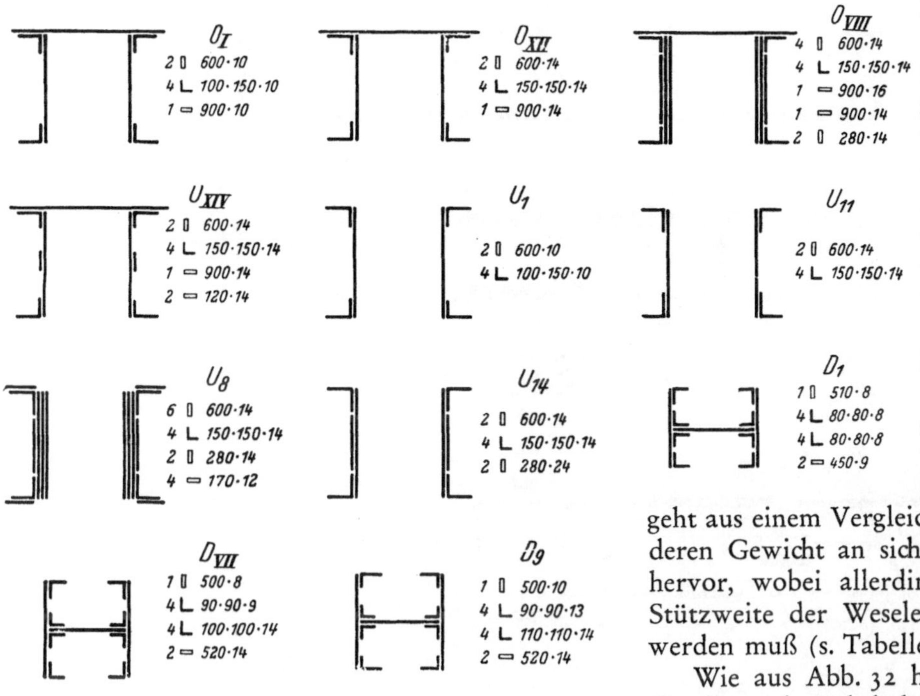

Abb. 34. Profile von Hauptträgerstäben. O_I, O_{XII}, O_{VIII}, O_{XIV}, U_1, U_{11}, U_8, U_{14}, D_1, D_{VII}, D_9.

Wie aus Abb. 32 hervorgeht, verläuft die Gradiente der Fahrbahn in den Seitenöffnungen und teilweise in der Mittelöffnung geradlinig mit einem Gefälle von 1:100 gegen die Widerlager und wird in Strombrückenmitte mit einem Radius von 5000 m ausgerundet. Der Fahrbahnscheitel liegt auf Ordinate NN + 33,610, über den Pfeilern III und VI liegt die Fahrbahnoberkante auf NN + 32,135.

Als Unterstützung für die Fahrbahn- und Gehwegplatten dient eine stählerne Fahrbahnkonstruktion, bestehend aus 2 äußeren und einem mittleren Längsträger für die Auflagerung der

Bauwerk	Stahl-konstruktion t	Belastete Fahrbahnfläche m²	Gewicht in kg pro m² Fahrbahnfläche
Brücke Köln—Deutz	5 699	9 008	630
Brücke Köln—Mülheim (echte Hängebrücke)	5 810	13 192	446
Brücke Düsseldorf—Neuß	6 335	12 414	510
Brücke Wesel	1 769	4 747	372

Fahrbahnplatte, 2 Randträgern für die Gehwegplatten, aus Querträgern, Konsolen und Zwischenquerträgern.

Die im Abstand von 3,75 m angeordneten Längsträger, deren Spannweiten von 12,125 bzw. 12,500 m der Feldweite der Hauptträger entsprechen und die als durchlaufende Träger berechnet werden, sind als geschweißte Vollwandträger aus Stahl St 52 ausgebildet. Sie haben Stegbleche von 1000 mm Höhe und 9 mm Stärke sowie Flansche 260 · 24 bzw. 280 · 24 mm. Die im Ab-

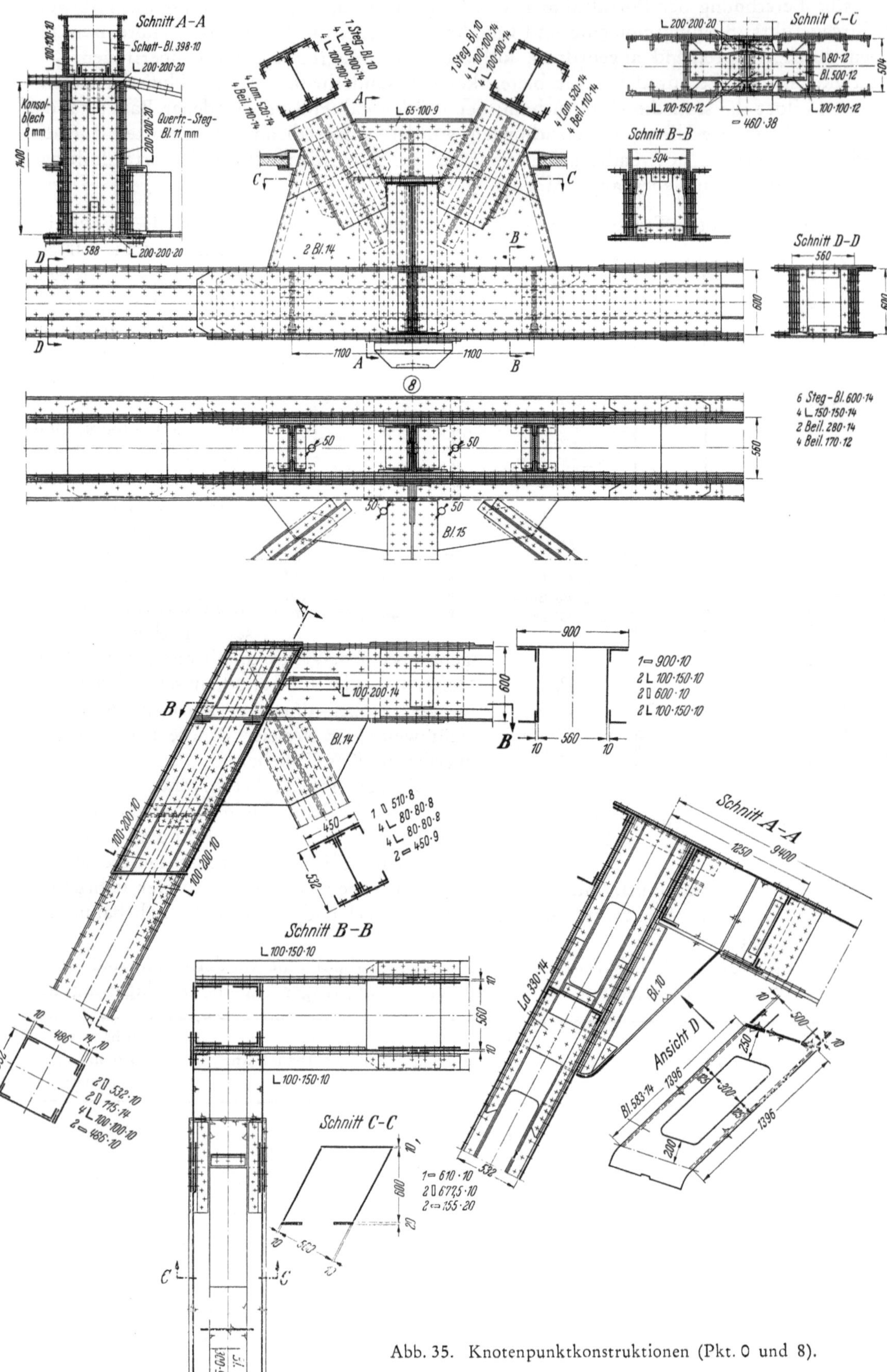

Abb. 35. Knotenpunktkonstruktionen (Pkt. 0 und 8).

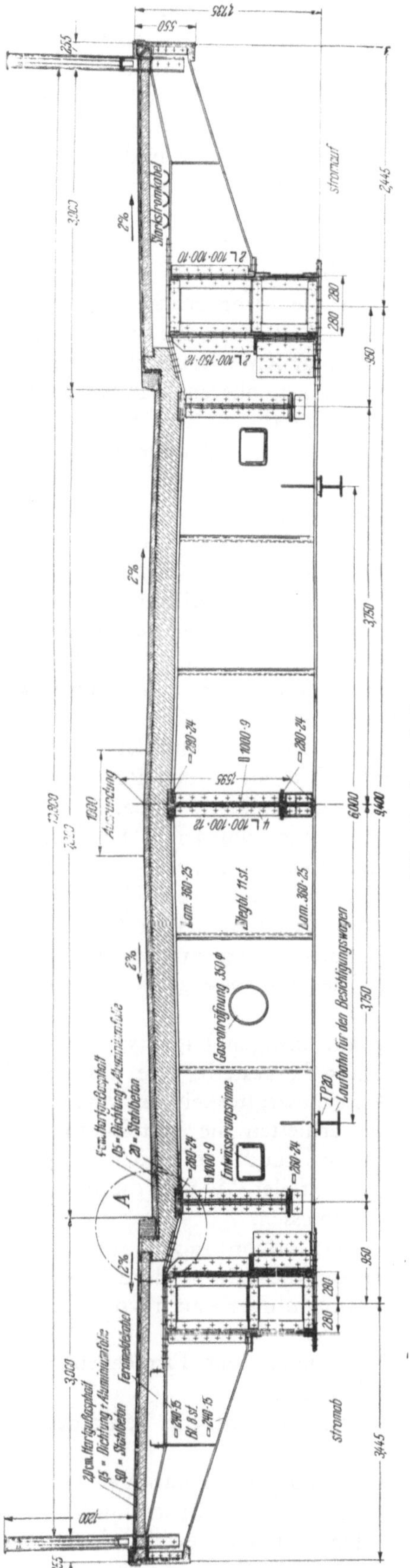

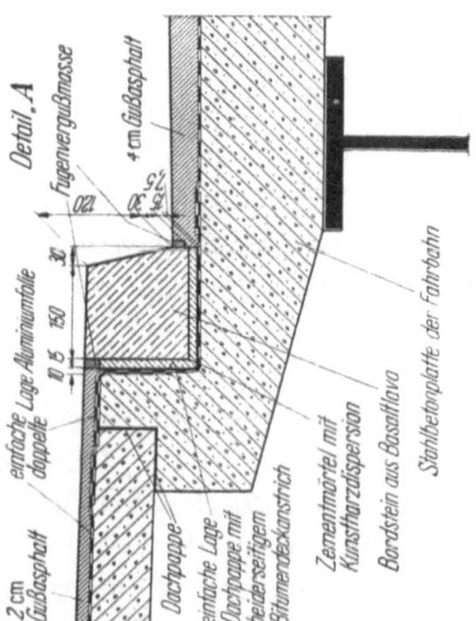

Abb. 36. Querschnitt.

stand der Untergurtknotenpunkte der Hauptträger angeordneten Querträger haben eine Spannweite von 9,4 m entsprechend dem Systemabstand der Hauptträger und sind gleichfalls geschweißte Vollwandträger aus Stahl St 52 mit Stegblechen von 1294 mm Höhe und 11 mm Stärke sowie mit Flanschen 360·25.

Im Verein mit je 3 in jedem Felde im Abstand von 3,031 bzw. 3,125 m angeordneten Zwischenträgern aus I $42^1/_2$, St 37, entstehen somit für die Stahlbetonplatte annähernd quadratische Felder von 3,750 bzw. 3,125 m Seitenlänge, welche die Ausbildung als kreuzweise bewehrte Platte ermöglichen. Die Querträger setzen sich als geschweißte Konsolen aus St 37 über die Hauptträger hinaus fort und tragen an ihren äußeren Enden die den seitlichen Abschluß der Fahrbahnkonstruktion bildenden Randträger, deren Spannweite somit 12,125 bzw. 12,500 m beträgt. Diese Randträger aus St 37 bestehen aus einem Stegblech von 535 mm Höhe und 10 mm Stärke und werden oben durch zwei Winkel verstärkt, von welchen einer den oberen Abschluß des Gehweges bildet, während der andere zur Auflagerung der Gehwegplatte dient. Zur Sicherung gegen seitliches Ausweichen der oberen Verstärkungswinkel werden sie von Abstützträgern — aus St 37 bestehende I 16 — gegen die Hauptträgeruntergurte gehalten. Außer den Randträgern haben die Konsolen ein kräftig ausgebildetes Geländer aus St 37 zu tragen, das in Feldmitte auf den Randträgern noch einmal abgestützt ist. Der obere Holm besteht aus einem Flacheisen 150 · 12 und einem ⊓ 12, der untere aus einem ⊓ 8 und die Zwischenstäbe aus [4. Das Geländer wurde auf der Innenseite der Randträger angeordnet, um eine gefällige äußere Ansicht durch das ununterbrochen durchlaufende Band der Randträger zu erzielen. Um die Beteiligung der Randträger an den Verformungen der Hauptträger bei der Belastung durch den Verkehr weitgehend zu verhindern, wurden über den Mittelpfeilern und in Strombrückenmitte längsbewegliche Stöße vorgesehen.

An den Übergängen von der Fahrbahn der Strombrücke auf die der Flutbrücken mußten bewegliche Konstruktionen angebracht werden, die Verschiebungen von ± 160 mm zulassen. Es wurden Übergänge nach dem Patent der Dortmunder Union verwandt (Abb. 33).

Das pfostenlose Strebenfachwerk der aus St 52 hergestellten Hauptträger ist als Durchlaufträger über drei Öffnungen von 97 + 150 + 97 m Länge berechnet worden und hat bei einer Systemhöhe von 12 m Feldweiten von 12,125 m in den Seitenöffnungen bzw. 12,500 m in der Mittelöffnung (Abb. 29). Für Gurte und Streben fanden offene Profile Anwendung, da sich für geschlossene Querschnitte zu kleine Abmessungen ergeben hätten. Die für die Bemessung maßgebenden Kräfte führten zu Profilen, deren Einzelteile bei einer Knotenblechstärke von 14 mm so aufeinander abgestimmt wurden, daß sich einerseits möglichst wenig Futterbleche ergaben und andererseits die zulässigen Spannungen soweit wie möglich voll ausgenutzt werden konnten. Wie aus Abb. 34 zu ersehen ist, wurden bei den Gurtstäben zwei Grundprofile zugrunde gelegt, um in den Seitenöffnungen unter Beibehaltung der äußeren Abmessungen eine bessere Anpassung an die verhältnismäßig geringen Gurtkräfte zu erreichen. Die Streben wurden vollwandig ausgebildet und zur Erzielung einer ruhigeren Wirkung auf die Verwendung von Bindeblechen verzichtet. Zur Sicherung der Randwinkel der Streben gegen seitliches Ausweichen wurden lediglich bei den auf Druck beanspruchten Stäben Schotte eingenietet, die nach außen hin fast nicht in Erscheinung treten. An den Durchdringungsstellen der Hauptträgerstreben durch die Fahrbahnplatte wurden Rahmen aus Winkelstahl angebracht, die einerseits für die Gehwegplatten die erforderliche Auflagerungsmöglichkeit bieten, zum anderen aber durch Offenhalten von Luftschlitzen die sonst an solchen Stellen auftretende Korrosionsgefahr vermeiden. Abb. 35 zeigt einige Knotenpunktkonstruktionen.

Die seitlichen Windkräfte werden durch einen unteren und einen oberen Windverband aufgenommen, wobei die vom oberen Verband herrührenden waagrechten Auflagerkräfte durch Portalrahmen in die Lager abgeleitet werden. Beide Verbände dienen gleichzeitig der Knicksicherung der Ober- und Untergurte.

Der untere Windverband ist als genieteter Kreuzverband aus St 37 ausgeführt. Da die Streben sehr lang sind, wurden sie für die volle Querkraft auf Zug bemessen, was zu geringeren Abmessungen und daher zu einem geringeren Gewicht führt, als die Bemessungen auf Zug und Druck für die halbe Querkraft. Der obere Windverband ist aus architektonischen Gründen als Rautenverband ausgebildet; es sind dementsprechend dessen Streben zug- und druckfest bemessen worden. Leichtprofile DID 22 aus St 37 wären ausreichend gewesen; da diese jedoch nicht beschafft werden konnten, mußten für den Verband IP 22 verwendet werden. Des besseren Aussehens wegen wurden diese Profile einheitlich für alle Verbandstäbe verwandt.

Die Streben 0,8 und VIII, 8′ und VIII′ sowie 0′ (vgl. Abb. 29) sind mit den zugehörigen Querträgern in den Punkten, 0, 8, 8′ und 0′ sowie oberen Riegeln in den Punkten 0, VII und VIII, VII′ und VIII′ sowie 0′ zu geschlossenen Portalrahmen vereinigt, wobei die Rahmen über den Mittelpfeilern als schrägliegende Doppelrahmen ausgebildet wurden. Die Profile der Rahmen wurden so angeordnet, daß ihre Schwerlinien in einer Ebene liegen und mit denen des Hauptträgersystems zusammenfallen, wodurch zusätzliche Biegungs- und Verdrehungsmomente vermieden werden. Horizontal liegende Schotte in den unteren Knotenpunkten übertragen an den Portalfußpunkten die aus der Rahmenwirkung in den Stegblechen der Streben vorhandenen Querkräfte in die Oberflansche der Querträger. Einzelheiten der teilweise geschweißten Querschnitte gehen aus Abb. 34 hervor.

Die festen Lager der Brücke befinden sich auf Pfeiler IV, alle übrigen Lager sind beweglich. Die Rollen der beweglichen Lager sind aus Schmiedestahl C 35 hergestellt, alle übrigen Teile bestehen aus Stahlguß GS 52.1. Um in Querrichtung eine gewisse Beweglichkeit bei Verdrehungen zu erreichen und damit die Einspannmomente zu verhindern, erhielten die Sattelplatten sämtlicher Lager Kugelzapfen. Die beweglichen Lager in den Punkten 0 und 0′ erhalten nur positive Auflagerdrücke, negative treten nicht auf. Die festen Lager auf Pfeiler IV und die beweglichen auf Pfeiler V wurden für größte Auflagerdrücke von je 1369 t bemessen.

Die gesamte Stahlkonstruktion der Strombrücke wiegt 1730 t, wovon 1300 t auf St 52 entfallen, der Rest von 430 t auf St 37. Das Gewicht der Lager für die Strombrücke beträgt 39 t. Es ergibt sich somit, bezogen auf die Fahrbahnfläche, ein Gesamtstahlverbrauch von 372 kg/m².

Die Aufteilung der Arbeiten am Stahlüberbau

Die Herstellung des Stahlüberbaues für die Strombrücke oblag der Firmengemeinschaft GHH, Werk Sterkrade, und der Dortmunder Union Brückenbau A.G.

Als federführende Firma bearbeitete die GHH die Entwürfe, die statische Berechnung und die Konstruktionszeichnungen der Strombrücke.

Die Lieferung und Montage des Stahlüberbaues war derart aufgeteilt, daß der GHH als Werkstattanteil die Hauptstromöffnung und als Montageanteil die linke Brückenhälfte zufiel, der Dortmunder Union hingegen als Werkstattanteil die beiden Seitenöffnungen, als Montageanteil die rechte Brückenhälfte.

Die Fahrbahn

Die vorhandenen Unterbauten der alten Rheinbabenbrücke bestimmten die Breite des Brückenquerschnittes. Den Verkehrsanforderungen der Jetztzeit konnte nur durch eine Verbreiterung der Fahrbahn von 7,50 auf 7,80 m Rechnung getragen werden. Beiderseits der Fahrbahn schließen sich Sicherheitsstreifen von 0,5 m Breite, ferner der von den Hauptträgern beanspruchte Bereich von je 0,6 m Breite und die Gehwege mit einer nutzbaren Breite von je 1,90 m an, so daß sich zwischen den Geländern eine Gesamtbreite von 13,8 m ergibt (Abb. 36). Als Fahrbahn dient eine im Abstand von 24,25 bzw. 25,0 m mit Stoßfugen versehene Stahlbetonplatte von 20 cm Stärke. In Brückenmitte und über Pfeiler IV und V erhält die Fahrbahn und die Gehwegplatte eine 20 mm starke Dehnungsfuge. Die Querneigung von Fahrbahn und Gehwegplatten ist gegen die Schrammbordkanten gerichtet und beträgt 2 %.

Die Berechnung der Platte erfolgte als elastische Platte unter Berücksichtigung der Stützensenkungen für Brückenklasse 60 nach DIN 1072 und 1075.

Bei Spannweiten von:

$$l_x \text{ in Querrichtung } = 3{,}75 \text{ m}$$
$$l_y \text{ in Längsrichtung } = 3{,}125 \text{ m}$$

ergaben sich folgende Momente:

	x-Richtung		*y*-Richtung		Spannung
	Feld tm	Stütze tm	Feld tm	Stütze tm	σb_{max} kg/cm²
Endfeld	3,27	— 7,23	3,67	— 7,83	97,0
Innenfeld. . . .	3,22	— 7,10	3,61	— 6,53	98,0

Die Abdichtung und der Fahrbelag

Die Fahrbahnplatte hat eine Abdichtung aus vollflächig mit Spezialbitumenmasse geklebten geriffelten Aluminiumbändern von 0,2 mm Dicke und als Fahrbelag eine 4 cm dicke Hartgußasphaltschicht, die unmittelbar auf die Aluminium-Abdichtung aufgebracht wurde. Der Hartgußasphalt ist gleichzeitig Schutzschicht für die Abdichtung und Fahrbelag. Diese Bauweise, die einen Gußasphaltfahrbahnbelag durch eine Spezialabdichtung plastisch-elastisch mit der Fahrbahnkonstruktion verbindet, ist seit 1949 bei vielen Brückenbauten verschiedenster Größe und Bauart angewandt worden und hat sich bewährt. Sie entspricht einer Leichtbauweise, die die Bauhöhe günstig beeinflußt, eine Gewichtsersparnis mit sich bringt und daher wirtschaftlich ist. Sie vereinigt in sich die erwünschten Eigenschaften einer zuverlässigen Sicherung des Bauwerks gegen Eindringen von Oberflächenwasser und eines dauerhaften Nutzbelages gegen den Verschleiß durch den Fahrverkehr. Auch für den Gußasphalt selbst hat diese Kombination, wie die Erfahrung gelehrt hat, besondere günstige Wirkungen gebracht. Die hohlraumfreie, innige Verbindung des Gußasphaltes mit der Metallabdichtung und der Fahrbahnplatte dürfte die so gefürchtete Blasenbildung im Gußasphalt ausschließen. Im Vergleich zu Belägen, die auf lose ausgelegten Trennschichten aufgebracht sind, läßt sich bei dieser Bauweise die Dicke des Asphaltbelages ohne Nachteil z. B. von 5 cm auf 4 cm vermindern.

Abb. 37. Übergangspfeiler vom Stahlbeton der Vorlandbrücke zum Stahl der Strombrücke.

Der mit der Konstruktion verbundene Gußasphaltfahrbahnbelag folgt ohne Schieben, Verformungen oder Reißen den durch Temperaturänderungen oder Schwingungen bedingten Formänderungen und Bewegungen des Bauwerks.

Die Gehwege

Als Gehweg dient eine 9 cm starke Stahlbetonplatte mit der gleichen Abdichtung, wie sie bei der Fahrbahn verwendet wurde und einem 2 cm starken Hartgußasphaltbelag.

Die Nebenanlagen

An Versorgungsleitungen wurden ein Gasrohr von 200 mm Ø durch die Querträger hindurch sowie unter den Gehwegen in besonderen Kabelkästen Telefonkabel und ferner Starkstromkabel übergeführt.

Für die Entwässerung der Fahrbahn sind unter der Stahlbetonplatte kastenförmige Rinnen eingebaut, die durch gußeiserne Gullys eingeleitetes Regenwasser bis in die Nähe der Pfeiler leiten, wo es durch Abfallrohre in den Rhein abfließt. Für diese Rinnen wurden gekantete Bleche von 5 mm Stärke aus St 37 verwendet. Die Regeneinlaufkästen folgen in Abständen von 23,0 m.

Für die Brückenkontrolle dient ein auf der Unterseite der Brücke fahrender Besichtigungswagen. Die zugehörigen Laufbahnträger, Profile IP 20 aus St 37, sind an den Quer- und an je einem mittleren Zwischenquerträger befestigt. Um eine Beteiligung der Träger an den Verformungen und Spannungen der Hauptträger bei einer Belastung durch Verkehr auszuschließen, erhielten sie in Abständen von 12,125 bzw. 12,500 m längsbewegliche Stöße. Die Konstruktion des Besichtigungswagens wurde so ausgebildet, daß die Strombrücke auf ganzer Länge befahren werden kann. Mittels einer nach beiden Seiten ausfahrbaren Bühne können auch die seitlichen Gehwege von unten besichtigt werden. Für die Lagerung der Laufrollen wurden Kugellager verwendet sowie eine pendelartige Aufhängung eingebaut, durch welche Differenzen in der Spurweite ausgeglichen werden. Der Antrieb des Wagens sowie der seitlich ausfahrbaren Bühne geschieht von Hand.

Die Spannbetonausführung der Flutbrücken

Anfang 1952 zeigten sich nach Vergebung der Eisenkonstruktion große Schwierigkeiten in der Beschaffung des erforderlichen Stahls für den Stahlüberbau der Strom- und Flutbrücken. Bei der Zuschlagserteilung waren 3 Stahlbauanstalten mit der Lieferung des benötigten Stahlmaterials und den Werkstattarbeiten berücksichtigt worden. Durch den plözlichen Abfall einer der 3 Stahlbauanstalten und der damit verbundenen Rückgabe der Auftragserteilung mit Materialbestellungen von:

rd. 300 t für wichtige Teile der Strombrücke und
rd. 565 t für 3 Flutbrücken

entstand eine Lage, die den Beginn der Montage der Flutbrücken im Jahre 1952 unmöglich machte. Damit war der Fertigstellungstermin der Rheinbrücke im Frühjahr 1953 in Frage gestellt.

Um dieser Schwierigkeiten Herr zu werden, wurde beschlossen, die Flutbrücken in vorgespannter Betonkonstruktion auszuführen.

Neben rein technischen Erwägungen war vor allem durch das Zusammentreffen zweier verschiedener Konstruktionselemente, nämlich Stahlfachwerk und Betonkonstruktion, in einem Ubergangspfeiler auch die Beurteilung des architektonischen Gesamteindrucks des Brückenbauwerks von besonderer Bedeutung. Die damit zusammenhängenden Fragen wurden mit Herrn Professor Mehrtens von der TH Aachen an Hand zeichnerischer Darstellungen des Übergangspfeilers (Abb. 37) und der Beton- und Stahlkonstruktion eingehend erörtert. Es ergaben sich keine Bedenken, die Flutbrücken in vorgespannter Betonkonstruktion auszuführen, wenn die Bauhöhe der Flutbrücken von 3,20 auf 2,70 m für die Spannbetonausführung ermäßigt würde.

Nachdem auch die rein technischen Fragen und eine Wirtschaftlichkeitsberechnung für die Betonkonstruktion sprachen, konnten die Ausschreibungsunterlagen der Flutbrücken fertiggestellt und die Ausführung am 12. März ausgeschrieben werden.

In einem Ideenwettbewerb waren vier Firmen zur Angebotsabgabe aufgefordert worden.

Nach den Vorbemerkungen zum Leistungsverzeichnis war das Vorspannsystem und die konstruktive Durchbildung des Brückenquerschnittes freigestellt.

Allen Entwürfen gemeinsam waren:

1. Die Stützweiten:

rechtsrheinisch	$l = 54{,}25$ m
linksrheinisch	$l_1 = 55{,}50$ m
	$l_2 = 54{,}75$ m

2. Das Brückensystem

rechtsrheinisch	1 Balken auf 2 Stützen
linksrheinisch	1 Durchlaufbalken auf 3 Stützen

3. Der Brückenquerschnitt

Fahrbahnbreite	7,80 m
Auskragende Fußwege, beidseitig je	3,26 m
Konstruktionshöhe .... max.	2,70 m

4. Berechnungsgrundlagen

Neben den üblichen DIN-Vorschriften war für die Spannbetonkonstruktion die beschränkte Vorspannung nach DIN 4227 „Richtlinien für die Bemessung vorgespannter Konstruktionen" maßgebend. Die Zugspannungen unter Gebrauchslasten sollten folgende Werte nicht überschreiten:

für B 300 $\sigma_{B_z} = 30$ kg/cm²

für B 450 $\sigma_{B_z} = 38$ kg/cm²

mittiger Zug: für B 300 $\sigma_z = 12$ kg/cm²

für B 450 $\sigma_z = 15$ kg/em²

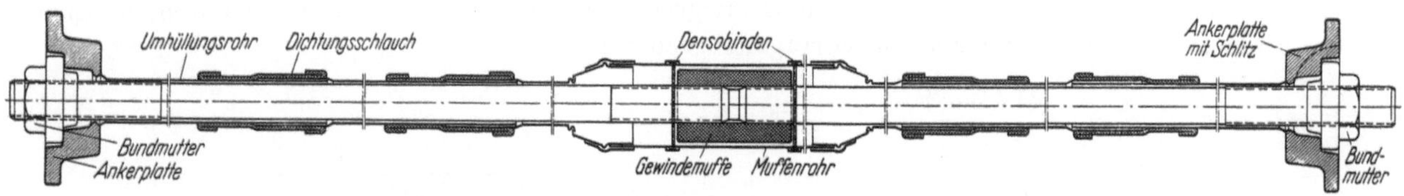

Abb. 38. Normalstab.

Diese Werte galten für das Haupttragsystem und für die Fahrbahnplatte.

Im Zustand: Vorspannung + Eigengewicht + Kriechen + Schwinden durften in Längs- und Querrichtung keine Zugspannungen auftreten.

Nach eingehender Prüfung der eingegangenen Entwürfe wurde der Fa. Dyckerhoff & Widmann, Düsseldorf, am 18. April 1952 der Zuschlag für die Ausführung der Flutbrücken erteilt.

Bei dem Entwurf der Flutbrücken in Spannbeton war der Leitgedanke maßgebend, daß ein Bauwerk um so besser für den Spannbeton geeignet ist, je einfacher die Konstruktion ist. Das hängt damit zusammen, daß beim Spannbeton künstlich Kräfte — beim Vorspannen — in die Bauglieder eingeleitet werden und dadurch Verformungen ausgelöst werden. Können sich diese Verformungen (Stauchungen und Verbiegungen des Betons) ungehindert auswirken, wie bei statisch bestimmten Systemen, dann ist der Kräfteverlauf klar und einfach, da dieser von den Verformungen unabhängig ist. Die durch das Vorspannen eingeleiteten Momente sind direkt proportional der Vorspannkraft und dem Abstand der Vorspannstäbe von der Schwerachse des Betons.

Das gleiche gilt dann auch für die Verformungen infolge Schwinden und Kriechen und die damit zusammenhängenden Umlagerungen der Kräfte.

Aus diesen Überlegungen heraus bestehen beide Flutbrücken nur aus der Fahrbahnplatte, die auf zwei Längsträgern in

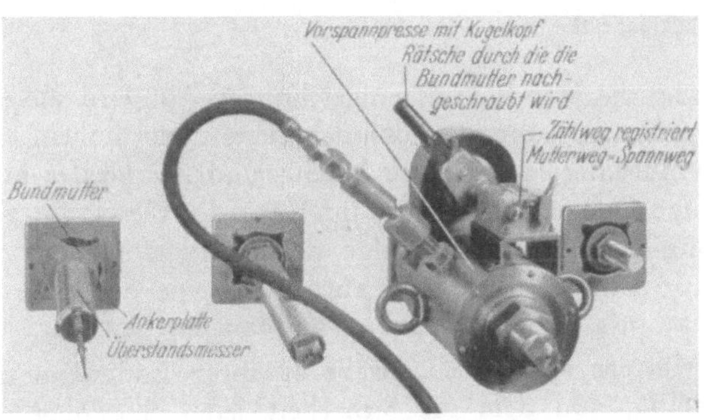

Abb. 39. Vorspannpresse.

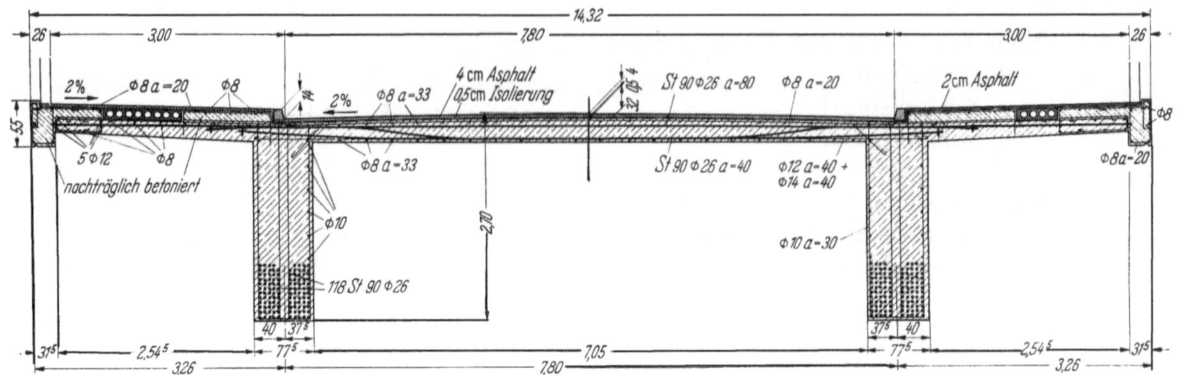

Abb. 40. Querschnitt Einfeldbrücke mit Vorspann- und schlaffer Bewehrung.

7,80 m Abstand aufliegt. Platte und Längsträger bilden in Längsrichtung als Tragsystem einen Plattenbalken, wobei Querträger nur über den Auflagern angeordnet sind. Der Berechnung liegt die Betongüte B 450 zugrunde. Die Brücke ist in Längs- und Querrichtung vorgespannt, wobei das Dywidag-Spannverfahren verwendet wurde.

Das Dywidag-Spannverfahren

Das Dywidag-Spannverfahren verwendet einheitlich Rundstäbe Ø 26 mm aus St 90. Dies ist ein naturharter, legierter Spezialstahl, vom Hüttenwerk Rheinhausen entwickelt und geliefert, der ohne Nachbehandlung im Walzzustand verwendet wird. Dieser Stahl hat eine Bruchfestigkeit von mindestens 9000 kg/cm² und eine Streckgrenze von rd. 6500 kg/cm². Seine übrigen Eigenschaften, wie Kriechgrenze, Elastizitätsgrenze, Dehnung und Dauerfestigkeiten, machen den Stahl für Spannbetonzwecke hervorragend geeignet.

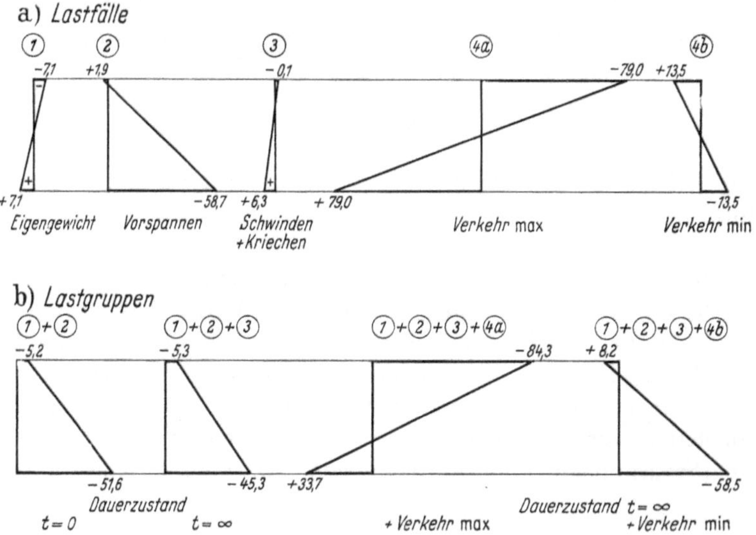

Abb. 41. Spannungsdiagramme in Plattenmitte.

Die Stäbe haben an ihrem Ende Gewinde, die jedoch nicht eingeschnitten, sondern aufgerollt sind. Bei der Herstellung der Gewinde werden rotierende Gewindebacken unter hohem Druck an die Stabenden gedrückt, so daß die Gewindegänge zur Hälfte hinein- und zur Hälfte herausgequetscht werden. Dadurch wird der geringe Querschnittsverlust im Kern des Gewindes gegenüber dem vollen Stab durch eine Vergütung des Materials infolge der Kaltverformung ausgeglichen, so daß die Stäbe im Gewinde praktisch die gleiche Kraft aufnehmen wie der volle Stab. Dieses Verfahren der Gewindeherstellung hat sich im Maschinenbau seit langem bewährt.

Durch Aufschrauben von Platten und Muttern können die Stäbe an ihren Enden verankert werden. Die Kraftübertragung auf den Beton, von dem die Sicherheit jeder Spannbetonkonstruktion abhängt, erfolgt mit einfachen und bewährten Mitteln.

Die Stäbe Ø 26 mm werden in Längen bis zu 25 m — zur Zeit des Baues bis zu 22 m — geliefert. Bei größeren Längen werden die Stäbe mittels Muffenverbindungen gestoßen, die nach denselben Gesichtspunkten wie die Verankerung ausgebildet sind.

Verankerungen und Muffenverbindung sind statisch und dynamisch geprüft und erprobt. Die Muttern und Muffen sind so bemessen, daß die Gewindegänge eine größere Kraft aufnehmen als der Stab, so daß bei Zugversuchen der Bruch im Stab erfolgt und zwar meist am ersten Gewindegang.

Die Bruchlast bei statischen Versuchen mit Verankerungen und Muffen liegt stets oberhalb der Stabkraft, welche der garantierten Bruchspannung von 9000 kg/cm² entspricht, das sind rd. 50 t.

Bei dynamischen Versuchen an Verankerungen ergaben sich ähnliche Verhältnisse.

Diese Ergebnisse zeigen, daß beim Dywidag-Verfahren die Verankerung und die Verbindung der Stäbe die gleichen Kräfte aushalten wie der Stab selbst, bzw. die auftretenden dynamischen Belastungen mit großen Reserven aufnehmen können, d. h. also, Verankerung und Muffenverbindung sind in jeder Hinsicht vollwertige Konstruktionsglieder; die Stäbe werden durch diese Bauglieder nicht geschwächt.

Bei der Montage werden die Stäbe mit dünnwandigen Rohren von 30 mm Innendurchmesser überzogen. Diese Rohre, in Längen von 3 m geliefert, werden an den Stoßstellen ineinandergeschoben und durch einen Dichtungsschlauch gesichert. So zusammengebaut, werden die umhüllten Stäbe in die Schalung verlegt und einbetoniert, dabei bleiben die Stäbe längsbeweglich im Beton (Abb. 38).

Nach dem Erhärten des Betons werden die Stäbe mit einem hydraulisch wirkenden Spanngerät (Abb. 39) auf die errechnete Spannung gebracht. Während des Ziehens eines Stabes kann mittels einer Ratsche die Bundmutter nachgedreht werden; hierbei wird gleichzeitig an einem Zählwerk am Spanngerät das Maß abgelesen, um das der Stab gegenüber der Verankerung verlängert werden muß.

Vor und nach dem Spannen wird der Überstand jedes Stabes gegenüber der Platte an einem Meßstab abgelesen und aus der Differenz das Ausziehmaß auf 0,1 mm festgestellt.

Nach dem Spannen wird in den Hohlraum zwischen Stab und Rohr ein geeigneter Zementleim von einem Ende aus eingepreßt und hierdurch der Verbund zwischen Beton und Spannstahl hergestellt.

Bei gekrümmter Führung der Vorspannstäbe treten infolge des Querdruckes Reibungsverluste beim Spannen auf. Die Reibungsverluste lassen sich rechnerisch klar erfassen und werden beim Spannen berücksichtigt.

Jeder Stab von 26 mm Ø erhält beim Anspannen eine Kraft von rd. 25 t. Diese Größenordnung ermöglichte es, auch bei kleinen Vorspannkräften einfach und wirtschaftlich zu konstruieren, z. B. bei der Quervorspannung von Fahrbahnplatten.

Die Konstruktion und Festigkeitsberechnung der Einfeldbrücke

Die rechtsrheinische Flutbrücke ist statisch ein einfacher Balken von 54,25 m Spannweite bei einer Konstruktionshöhe von 2,70 m. Die Breite über alles mit 14,32 m enthält eine 7,80 m breite Fahrbahn und beiderseitige je 3,00 m breite Geh- und Radwege.

Die gesamte überdeckte Fläche beträgt 807 qm. Die Brücke ist einseitig, von der Strombrücke zum Widerlager hin, unter 1 % Gefälle geneigt, die Brückenunterkante läuft parallel der Fahrbahn, so daß die Bauhöhe in Längsrichtung gleich bleibt.

Die Oberfläche ist durch eine Al-Folie abgedichtet, über der als Belag auf der Fahrbahn 4 cm, auf den Geh- und Radwegen 2 cm Asphalt eingebaut sind.

Die sehr einfach aufgebaute Konstruktion der Brücke besteht, wie die Abb. 40 zeigt, nur aus einer Platte, 2 Längsträgern und den beiden Auflagerquerträgern.

Die Fahrbahnplatte liegt als Einfeldplatte mit 7,80 m Spannweite auf den Längsträgern auf und besitzt nach beiden Seiten 3,26 m weit ausladende Kragarme.

In der Querrichtung trägt die Platte die örtlichen Lasten auf die Längsträger ab; in der Längsrichtung dient die Platte gleichzeitig als Druckgurt des als Plattenbalken wirkenden Haupttragsystems.

Die Platte ist in der Mitte 32 cm stark, über den Längsträgern infolge der Querneigung von 2 % nur 25 cm.

Die Platte ist in der Querrichtung durch Stäbe Ø 26 mm aus St 90 vorgespannt. Diese liegen in Feldmitte unten, in 40 cm Abstand an der Oberseite im doppelten Abstand. Die unteren Stäbe werden je zur Hälfte nach beiden Seiten über den Längsträgern aufgebogen, so daß für das Stützenmoment auch ein mittlerer Abstand der Stäbe von 40 cm zur Verfügung steht (Abb. 40).

Die Stäbe sind im Gesims, bzw. in der Kragplatte verankert und werden vom Gesims aus einseitig vorgespannt; von dort aus wird auch das Injizieren vorgenommen. Beim Vorspannen erhalten die Stäbe eine Spannung von 4700 kg/cm², d. i. eine Kraft von rd. 25 t je Stab.

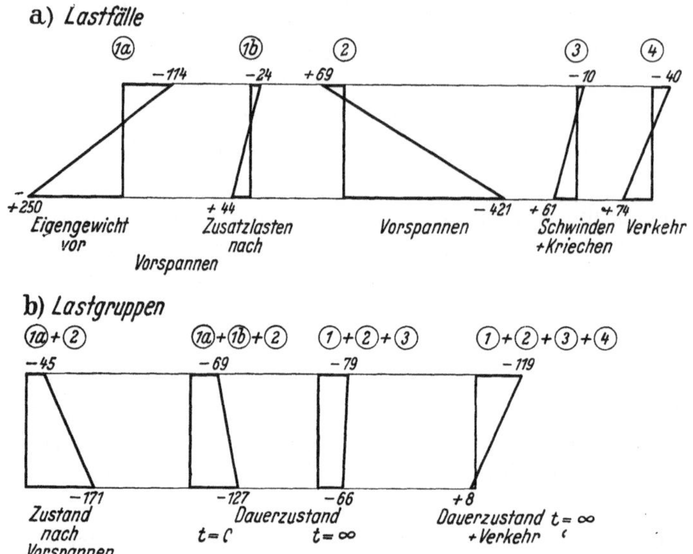

Abb. 42. Spannungsdiagramme in Mitte Einfeldbrücke.

Durch Schwinden und Kriechen werden diese Kräfte um rd. 11 % abgebaut. Als Kriechzahl ist gemäß den „Richtlinien für vorgespannte Bauteile DIN 4227" mit $\varphi = 2$ gerechnet, wobei ein Abminderungsfaktor von $K = 0{,}75$ berücksichtigt ist, da das Vorspannen erst bei einer Würfelfestigkeit des Betons von 450 kg/cm² zugelassen wurde.

In Abb. 41 sind die in Plattenmitte im Gebrauchszustand auftretenden Spannungen in den einzelnen Lastfällen und den daraus gebildeten Lastgruppen zusammengestellt. Die Lastfälle treten nicht einzeln auf, sondern nur in „Lastgruppen", deren wichtigste angeführt sind.

Für eine Spannbetonkonstruktion sind neben den max. Spannungen vor allem auch die Spannungen im Dauerzustand wichtig. Beim Dauerzustand ist in Abb. 41 unterschieden zwischen dem Dauerzustand nach dem Vorspannen, der Zeit $t = 0$ und dem Dauerzustand nach beendetem Kriechen und Schwinden zur Zeit $t = \infty$. Unter $t = \infty$ ist das abgeschlossene Kriechen und Schwinden zu verstehen, das im allgemeinen nach 4—5 Jahren erreicht ist.

Der Dauerzustand kennzeichnet den Spannungszustand, in dem sich ein Bauwerk im allgemeinen dauernd befindet und der durch den normalen Verkehr meist nur kurzfristig und geringfügig verändert wird.

Wie die Abb. 41 zeigt, treten im Dauerzustand nur Druckspannungen auf. Das ist bei jeder Spannbetonkonstruktion unbedingt anzustreben. Aus diesem Grunde sind in der Platte die oberen Spannstäbe erforderlich, da sonst hier eine dauernde Druckvorspannung nicht gewährleistet wäre.

Bei max. Verkehr beträgt an der Unterseite die Betonzugspannung rd. 34 kg/cm²; die im Rahmen der „beschränkten Spannung" bei einer Betongüte B 450 zugelassene Spannung von 38 kg/cm² wird also fast ausgenutzt.

Im Schnitt über den Längsträgern sowie in der Kragplatte treten in allen Lastgruppen nur Druckspannungen auf.

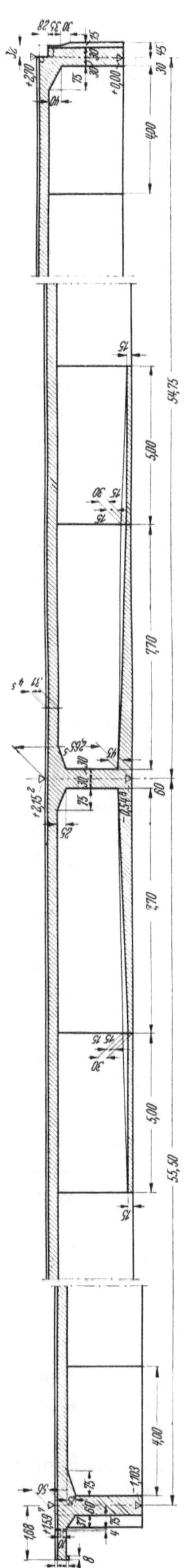

Abb. 43. Schalplan, Zweifeldbrücke Längsschnitt mit Übergang am festen Lager.

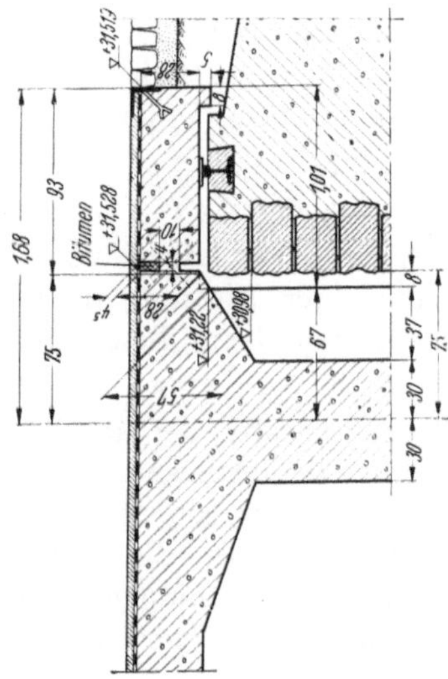

Der Beton auf den Kragarmen sowie das Gesims wurden erst nach dem Vorspannen und Ausrüsten der Brücke hergestellt und rechnen nicht zum tragenden Querschnitt.

Die Höhe des Gesimses mit 55 cm entspricht der Höhe des Randträgers der stählernen Strombrücke, so daß in der Brückenansicht das Gesimsband gleichmäßig über den ganzen Brückenzug läuft.

Das nachträgliche Herstellen des Gesimses hat den großen Vorteil, daß seine Flucht in horizontaler und vertikaler Ebene genau ausgerichtet werden kann, wobei Höhenlage der Brücke nach dem Vorspannen und Ausrüsten festliegt. Auch werden die Verankerungen der Quervorspannstäbe auf diese Weise einbetoniert.

Da das Gesims erst nach dem Vorspannen betoniert wird, ist zunächst dieser Beton spannungslos. Durch das Kriechen infolge der Längsvorspannung verkürzt sich die Brücke jedoch in der Längsrichtung. Das Gesims und der Aufbeton müssen diese Verkürzung mitmachen und erhalten aus dieser Wirkung ebenfalls Druckspannungen in Längsrichtung.

Die Rechnung führt unter vorsichtigen Annahmen zu dem Ergebnis, daß das Gesims nachträglich eine Druckvorspannung von mindestens 30—40 kg/cm² erhält. Diese Druckvorspannung wird überlagert durch Spannungen aus Temperaturdifferenzen zwischen dem Beton des Gesimses und dem übrigen Beton der Brücke. Hierbei treten bei einer größeren Erwärmung des Gesimses, z. B. bei Sonnenbestrahlung, Druckspannungen auf, dagegen Zugspannungen bei einer schnelleren Abkühlung, z. B. nach einem heißen Sommertag. Das Gesims wird abends seine Wärme viel schneller freigeben als die Platte und die Längsträger, wobei insbesondere der Asphalt auf der Brücke als Dämmschicht und Wärmespeicher wirkt.

Versucht man sich ein Bild von der Größenordnung dieser Spannungen zu machen und nimmt einmal eine Temperaturdifferenz von 10° an, dann entstehen aus diesem Lastfall Zugspannungen von rd. 40 kg/cm², so daß die Druckvorspannung ganz abgebaut werden kann und tatsächlich Zugspannungen im Gesims auftreten können. Für diesen Fall ist das Gesims in Längsrichtung durch schlaffe Eisen bewehrt.

In der Längsrichtung bildet die dicke Fahrbahnplatte mit den beiden Längsträgern einen einheitlich wirkenden Plattenbalken. Die mitwirkende Breite der Platte wurde nach Prof. Dr. Ing. F. Dischinger „Taschenbuch für Bauingenieure" S. 1443 zu rd. 94 % ermittelt.

Platte und Träger stellen einen torsionssteifen Querschnitt dar, der der Brücke die notwendige Seitensteifigkeit gibt, so daß außer den Auflagerquerträgern weitere Querträger nicht notwendig waren.

Die Torsionssteifigkeit der Brücke wird zur Querverteilung der Lasten auf beide Hauptträger herangezogen.

Die Längsträger haben eine statisch wirksame Breite von 75 cm, an den Außenflächen ist mit Rücksicht auf das Spitzen des Betons ein Zuschlag von 2,5 cm gemacht, so daß die Gesamtbreite 77,5 cm beträgt. Um die Schubspannungen bzw. die schiefen Hauptzugspannungen klein zu halten, wird die Breite der Träger auf eine Länge von 6,00 m nach den Auflagern um 60 cm vergrößert.

Jeder Längsträger ist vorgespannt mit 118 Stäben Ø 26 mm aus St 90. Damit wird beim Vorspannen eine Kraft von 5900 t in die Brücke eingeleitet.

Die 118 Vorspannstränge sind in jedem Träger in 12 Lagen von je 10 Stäben mit einem Achsabstand von 6 cm in waagrechter und senkrechter Richtung untergebracht (siehe Anhang, Tafel I). In der Mitte des Trägers bleibt zum Rütteln beim Betonieren ein lichter Raum von 14 cm Breite übrig.

Im Lastfall Verkehr erhalten im Spannbeton die Stäbe, die sich jetzt im Verbund mit dem Beton befinden, zusätzliche Spannungen proportional dem Abstand der Nullinie des Querschnittes. Diese Spannungen sind jedoch im Gegensatz zum Stahlbeton (Stad. II — gerissene Zugzone) klein, da die Stäbe wegen der Druckvorspannung lediglich die Dehnungen des umgebenden Betons mitmachen müssen (Stad. I). Die zusätzlichen Stahlpannungen bei max. Verkehr betragen für die untere Lage 370 kg/cm², für die obere Lage 220 kg/cm². Diese Werte sind gleichzeitig die max. Schwingweiten der Stahlspannungen.

Das Durchsetzen der Betonquerschnitte mit den Stäben führt für die Verbundkonstruktion zu einer beachtlichen Erhöhung des Trägheitsmomentes, so daß die Brücke im Verkehr steifer wird. Vor allem aber steigt das Widerstandsmoment am unteren Rand um 30 % gegenüber dem Betonquerschnitt und beeinflußt dadurch die Spannungen aus Verkehr günstig.

Die max. Momente einer Brückenhälfte wurden ermittelt zu

3890 mt für Eigengewicht,
1230 mt für Verkehr.

Das ist ein Verhältnis von rd. 1 : 3 für die Beanspruchung aus Verkehr zum Eigengewicht. Die Durchbiegung unter max Verkehr beträgt 3,5 cm, d. i. rd. 1/1500 der Spannweite.

In Abb. 42 sind die Spannungen für den Querschnitt in Brückenmitte getrennt nach Lastfällen und Lastgruppen zusammengestellt. Beim Eigengewicht ist unterschieden zwischen den Lasten g_1, die schon beim Vorspannen vorhanden sind, und den Lasten g_2, die erst nach dem Vorspannen aufgebracht werden. Hierzu gehören: Gesims und Aufbeton der Kragarme, Abdichtung, Fahrbahnbelag und Geländer.

Die Diagramme zeigen, daß in der überdrückten Zugzone die für Beton B 450 zulässige vorübergehende Spanung von 175 kg/cm² Druck fast ausgenutzt ist. Diese Spannung wird durch das zusätzliche Eigengewicht sowie durch Kriechen und Schwinden abgebaut, so daß im Endzustand unter den Dauerlasten eine beinahe mittige Vorspannung von rd. 72 kg/cm² vorhanden ist.

Infolge dieser großen Vorspannung treten unter max. Verkehr nur geringe Zugspannungen auf, so daß bis zur zulässigen Spannung von 38 kg/cm² noch eine große Reserve vorhanden ist.

Der Grund für diese Verhältnisse liegt darin, daß die angegebene Zahl von 118 Stäben je Träger für den Nachweis der Bruchsicherheit notwendig ist und diese Stäbe im Gebrauchszustand dann beim Lastfall Vorspannen mit ihren zulässigen Spannungen ausgenutzt werden. Die für den Bruchzustand notwendigen Stäbe wurden also entsprechend ihrer zulässigen Spannung angespannt und die größtmöglichen Kräfte auf den Beton ausgeübt.

In einer Spannbetonkonstruktion sind immer zwei Zustände bei der Bemessung zu berücksichtigen:

a) der Gebrauchszustand,

b) der Bruchzustand.

Der Gebrauchszustand bringt den Nachweis für die tatsächlich im Bauwerk auftretenden Spannungen. Im Bruchzustand wird die Sicherheit der Konstruktion nachgewiesen, die mindestens ebenso groß sein muß wie im Stahlbau oder Stahlbetonbau.

Der getrennte Nachweis des Gebrauchs- und Bruchzustandes ist notwendig, da die Spannungen wegen der gleichbleibenden Vorspannung nicht proportional der Laststeigerung wachsen, wie es

Tafel 1

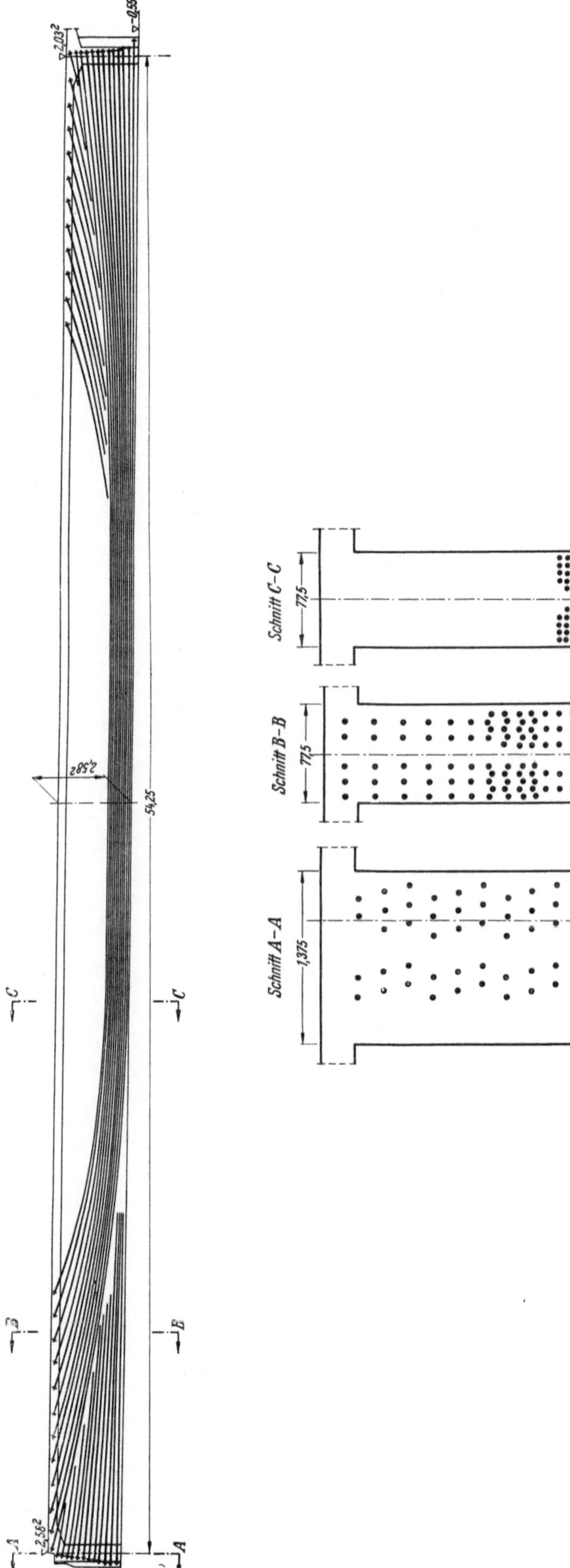

Einfeldbrücke Längsvorspannung. Längsschnitt mit 3 Querschnitten.

im Stahlbau oder Stahlbetonbau der Fall ist, wo ein konstantes Verhältnis der zulässigen zur Grenzspannung gegeben ist.

Gemäß den Ausschreibungsbedingungen durften die Vorspannstäbe nicht an den Stirnseiten gespannt werden, da an der Landseite das Widerlager bereits vorhanden war und an der Stromseite gleichzeitig mit dem Bau der Flutbrücken die stählerne Strombrücke montiert werden sollte.

Infolgedessen sind die Stränge so geführt, daß diese von der Oberseite der Platte aus einseitig gespannt werden können, während das andere Ende des Stranges an der Stirnseite verankert ist. Die einzelnen Reihen sind hierzu verschwenkt angeordnet, so daß die eine Reihe z. B. am Landwiderlager verankert ist und an der Stromseite gespannt wird, während es bei der nächsten Reihe umgekehrt ist. Die Hälfte der Stränge ist also an jedem Trägerende an der Stirnseite verankert, die andere Hälfte wird von der Platte aus vorgespannt (siehe Tafel I).

Durch diese Anordnung gleichen sich auch die beim Anspannen durch die Reibung entstehenden Verluste aus. Näheres hierüber wird bei der Beschreibung der Zweifeldbrücke gesagt.

Unter jedem Längsträger ist je Auflager ein Stahlgußlager angeordnet, die festen Lager am Widerlager, die beweglichen auf dem Pfeiler. Die Lager waren für die geplante Stahlbrücke schon angefertigt und konnten verwandt werden. Lediglich die Kopfplatten mußten für die Betonbrücke neu konstruiert und geliefert werden.

Zwischen der Strombrücke und der Flutbrücke ist ein beweglicher Fahrbahnübergang (Bauart Dortmunder Union) vorhanden.

Am festen Lager kragt die Fahrbahnplatte von Achse Querträger 1,68 m aus und ragt über die Herdmauer des Widerlagers. Hier stößt die Fahrbahn ohne Übergang gegen die Straßendecke, der Asphaltbelag ist durch einen Winkel begrenzt.

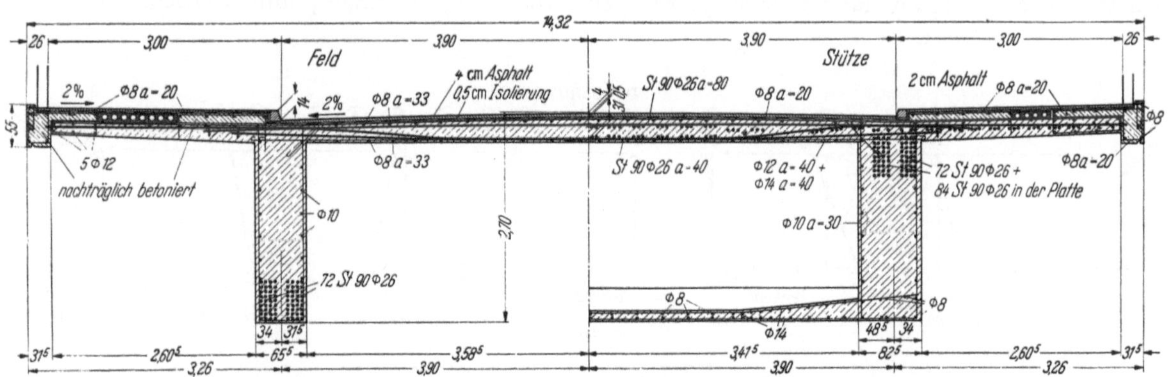

Abb. 44. Querschnitt Zweifeldbrücke mit Vorspann- und schlaffer Bewehrung.

Die Platte ist nicht imstande, mit der zur Verfügung stehenden Dicke als Kragplatte die Lasten des Schwerlastfahrzeuges zu übernehmen. Deshalb ist die Platte über der Herdmauer auf einer Schiene gelagert. Um die entstehenden Zwängungen der Platte bzw. ein Abheben von der Schiene bei Verbiegungen der Brücke zu vermeiden, ist zwischen Schiene und Querträger ein Betongelenk ausgebildet (Abb. 43).

Die Fußwegplatten kragen auf die gleiche Länge wie die Fahrbahnplatte über die Herdmauer. Hier ist eine besondere Auflagerung nicht notwendig.

Die Konstruktion und Festigkeitsberechnung der Zweifeldbrücke

Der Brückenquerschnitt und die allgemeine Ausbildung sind im Prinzip wie bei der Einfeldbrücke (Abb. 43 und 44). Die Konstruktionshöhe beträgt 2,70 m. Die Brücke ist gleichfalls unter 1 % Gefälle von der Strombrücke her zum Widerlager geneigt.

Die Spannweiten der durchlaufenden Zweifeldbrücke betragen 55,50 — 54,75 m. Bei einer Gesamtbreite von 14,32 m ist die überdeckte Fläche insgesamt 1609 m² groß.

Die Fahrbahnplatte ist 1 cm dünner als bei der Einfeldbrücke, da Druckspannungen in Längsrichtung nicht maßgebend sind und die Platte nach den Momenten in der Querrichtung bemessen ist.

Im übrigen ist die Platte einschließlich der Vorspannbewehrung genau wie die Platte der Einfeldbrücke konstruiert.

Auch hier bildet die Platte mit den Längsträgern einen torsionssteifen Plattenbalkenquerschnitt. Querträger sind nur an den Brückenenden und über dem Mittelpfeiler angeordnet.

Da die auftretenden Kräfte wegen der Durchlaufwirkung kleiner sind als bei der Einfeldbrücke, ist die Breite der Längsträger hier geringer und beträgt statisch nur 63 cm, zu denen an der Außenfläche noch ein Zuschlag von 2,5 cm wegen des Spitzens kommt. Im Bereich der Mittelstütze ist die Trägerbreite vergrößert, um die Schubspannungen bzw. die schiefen Hauptzugspannungen klein zu halten (Abb. 43).

Trotz dieser Verbreiterung sind die Längsträger nicht imstande, an der Mittelstütze die aus dem großen Stützenmoment entstehenden Druckkräfte aufzunehmen. Deshalb ist hier auf 8,00 m Länge nach beiden Seiten eine untere Druckplatte vorhanden. Durch Schrägen von weiteren 5 m Länge werden die Kräfte allmählich in die Platte geleitet. Diese Druckplatte ist 15 cm stark und an den Längsträgern mit Rücksicht auf die Schubspannung zwischen Träger und Platte auf 30 cm verstärkt.

In jedem Längsträger sind 72 Stäbe ∅ 26 mm aus St 90 in 9 Lagen zu je 8 Stäben angeordnet. Diese Vorspannstränge werden von einem Endauflager über die Mittelstütze zum anderen Endauflager geführt, besitzen also insgesamt eine Länge von rd. 110 m. An den Stellen der größten Feldmomente und über der Stütze liegen die Stäbe so dicht wie möglich — das ist 6 cm Achsabstand —, um einen möglichst großen Abstand von der Schwerachse des Betons zu erhalten. An den Auflagern und an den Momentennullpunkten sind die Stäbe möglichst weit auseinandergezogen (siehe Tafel II).

Auch für diese Brücke galt die Festlegung, daß von den Stirnseiten aus nicht angespannt werden durfte. Die rd. 110 m langen Stränge mußten daher einseitig angespannt werden. Die

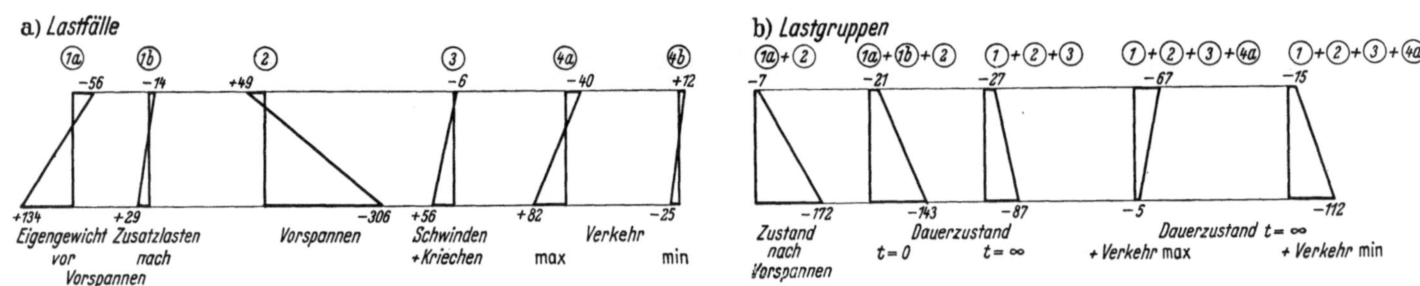

Abb. 45. Spannungsdiagramme Zweifeldbrücke Feld.

Verankerung ist an einem Ende an den Stirnseiten fest einbetoniert; am anderen Ende ist der Strang in der Platte zum Anspannen verankert. (Siehe Einzelheit auf Tafel II.) Die einzelnen Reihen der Vorspannstäbe sind gegeneinander verschwenkt, so daß jeder Längsträger von beiden Enden her angespannt wird. Auf diese Weise gleichen sich in jedem Träger die Reibungsverluste wie folgt aus:

Über der Mittelstütze ist für alle Stäbe eine Spannung von 4600 kg/cm² beim Anspannen zugrunde gelegt. Um diese zu erreichen, muß beim Spannen wegen des Reibungswiderstandes im Feld auf der Spannseite eine größere Spannung vorhanden sein, während im Feld auf der Verankerungsseite die Spannung kleiner als 4600 kg/cm² ist.

In der Gegend des größten Feldmomentes betragen die Unterschiede in den Stabspannungen rd. ± 120 kg/cm²; d. h. die Stäbe, die in diesem Feld gespannt werden, haben beim Anspannen hier eine Spannung von 4720 kg/cm², die anderen Stäbe, die am anderen Brückenende gespannt werden, haben nur 4480 kg/cm² Spannung. Im Mittel gleichen sich die Kräfte also aus. Beim Anspannen werden die zusätzlichen Dehnungen infolge dieser größeren Spannungen im Feld auf der Spannseite berücksichtigt, so daß auch tatsächlich die berechneten Werte erreicht werden.

Tafel II

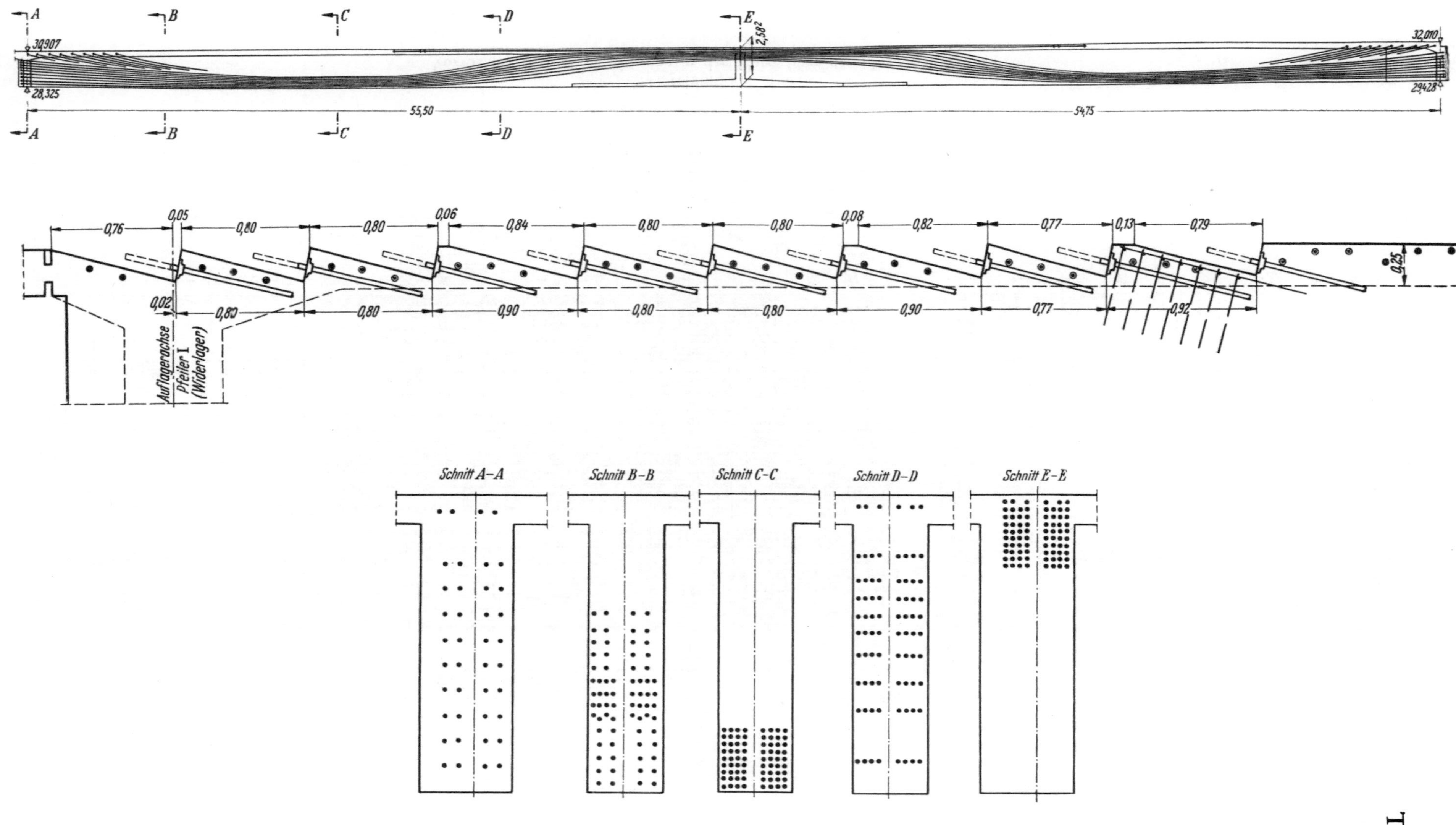

Zweifeldbrücke Längsvorspannung. Längsschnitt mit 5 Schnitten und Verankerungsstellen.

Tafel III

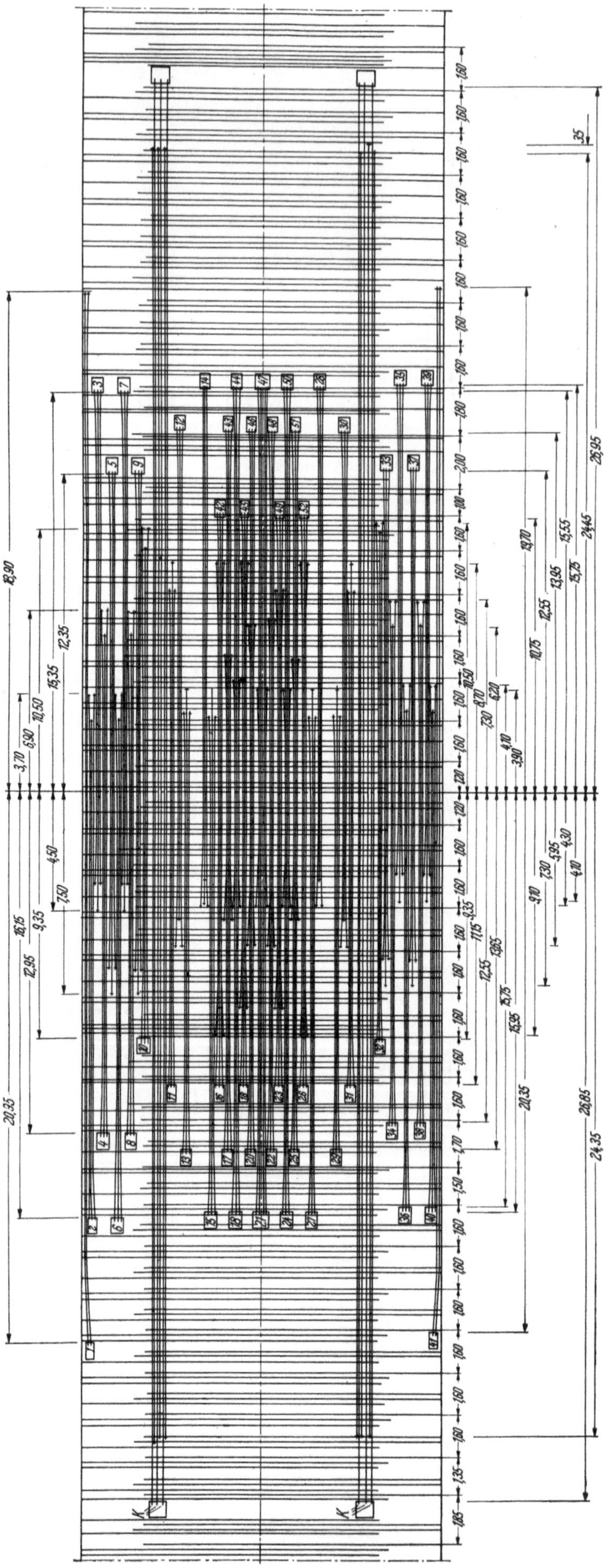

Zweifeldbrücke.
Vorspannstäbe in Längsrichtung in der Platte über der Mittelstütze.

Über der Mittelstütze reichen die nach oben geführten Vorspannstäbe in den Längsträgern nicht aus, um das Stützmoment aus Eigengewicht + Verkehr aufzunehmen. Hier sind daher in der Platte weitere 84 Stäbe ∅ 26 St 90 je Brückenhälfte eingelegt.

Diese Stäbe sind über den Plattenquerschnitt verteilt, weil die Platte zur Aufnahme des Stützmomentes ebenfalls mitwirkt. Durch diese Verteilung erhält die Platte an der Stütze eine gleichmäßig über die Breite verteilte Druckvorspannung (siehe Tafel III).

Die aus den Lastfällen Eigengewicht und Verkehr entstehenden Zugkräfte in der Platte werden also unmittelbar dort überdrückt, wo sie auftreten, so daß also die größte Sicherheit für eine rißfreie Platte auch an dieser Stelle gegeben ist.

Die beim Anspannen je Brückenhälfte in den Beton eingeleiteten Druckkräfte betragen

im Feld .... 1760 t
über der Stütze .... 3810 t

Die max. Momente einer Brückenhälfte sind ermittelt zu:

Feld + 1820 mt für Eigengewicht
+ 1100 mt für Verkehr
Stütze — 4460 mt für Eigengewicht
— 1430 mt für Verkehr

Die Betonspannungen in den wichtigsten Querschnitten an der Stelle des größten Feldmomentes und an der Mittelstütze sind in den Abb. 45 und 46 dargestellt.

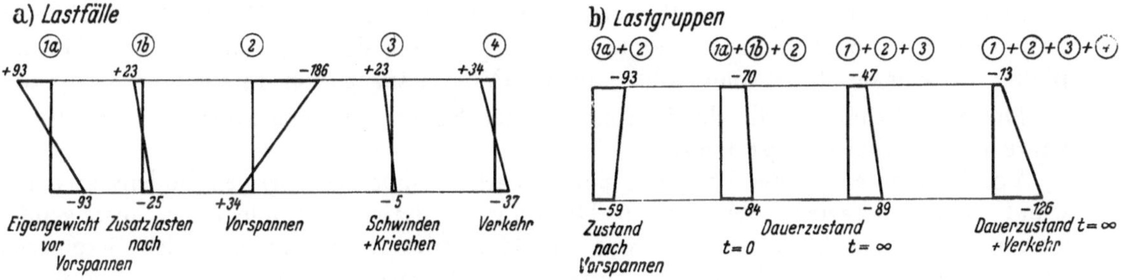

Abb. 46. Spannungsdiagramme Zweifeldbrücke Stütze.

Wie daraus ersichtlich ist, treten in beiden Querschnitten auch bei max. Belastung nach dem Kriechen und Schwinden nur Druckspannungen auf, so daß die Brücke in Längsrichtung eindeutig unter den Begriff der „vollen Vorspannung" fällt. Das kommt daher, daß auch hier die Anzahl der Vorspannstäbe sich aus der Bemessung für den Bruchzustand ergibt, wie bei der Beschreibung der Einfeldbrücke näher erläutert ist.

Unter jedem Längsträger ist je Auflager ein Stahlgußlager vorhanden. Das feste Lager befindet sich am Widerlager; auf dem Mittelpfeiler und dem Pfeiler zur Strombrücke sind bewegliche Lager. Das Endlager ist als Zweirollenlager ausgebildet. Für das Lager auf dem Mittelpfeiler mit einem max. Auflagerdruck von 990 t ist ein Vierrollenlager mit einem Rollendurchmesser von 35 cm konstruiert. Der Rollendurchmesser ist der gleiche wie beim Vierrollenlager der Strombrücke.

Der bewegliche Übergang zur Strombrücke sowie die Auskragung der Fahrbahnplatte am Widerlager sind wie bei der Einfeldbrücke ausgebildet.

Die Bauausführung

Allgemeines

Nach dem Ausschreibungsergebnis wurden die Tiefbauarbeiten im Sommer 1950 einer Arbeitsgemeinschaft der Firmen Ed. Züblin AG., Ph. Holzmann AG., F. C. Trapp und Hülskens & Co. übertragen. Vor Inangriffnahme der Arbeiten mußte zunächst die Vermessung der Rheinbrücke vorgenommen werden, die sich durch weitgehende Zerstörung der Strom- und Zwischenpfeiler und eines Widerlagers sehr schwierig gestaltete und vollständig neu aufgebaut und vermarkt werden mußte. In Abb. 47 ist die gesamte Vermessung in einem Netzbild dargestellt. Nach dem Netzbild konnten durch Abstecken der Brückenachse und Abdrehen der jeweiligen Pfeilerneigungen gegen die Polygonpunkte 23 und 26 während des Aufbaues die Pfeilerpunkte und die Auflagerachse genau angegeben werden.

Die Pfeiler und Widerlager

Am 14. August 1950 begannen die Arbeiten zur Wiederherstellung der Strompfeiler. Ein Greifbagger und ein schwerer Hebebock legten zur Räumung der Steinschüttung am Pfeilerfuß am Strompfeiler V und bald darauf am Strompfeiler IV fest. Bei näherer Untersuchung zeigte sich, daß der Zustand des in seinem mittleren Drittel stark geborstenen und zerrissenen Strompfeilers V (Abb. 12) und des nur noch als Schuttinsel sichtbaren Strompfeilers IV (Abb. 11) alle Vor- und Entwurfsarbeiten für den Wiederaufbau unmöglich machte. Zur Klärung aller Verhältnisse wurde Herr Professor Pirlet, Köln, zugezogen. Nach Beseitigung der den Pfeilerfuß sichernden Steinschüttung bzw. Pfeilertrümmer am Strompfeiler IV durch Schwimmbagger mit Polypgreifer (Abb. 48 und 49) erfolgte die Umspundung der Pfeilerbaugruben. Für den Strompfeiler IV kamen Hoeschspundbohlen Profil IV in Längen von 14,5 m zur Verwendung.

Die Spundwand wurde durch Einsatz einer Schwimmramme zunächst nur bis zur Unterkante des Senkkastens gerammt.

Vor Trockenlegung der Baugrube mußte nach Aushub des kiesigen Bodens zwischen Spundwand- und Senkkasten (Abb. 50) zur Dichtung der Baugrubensohle gegen ansteigendes Grundwasser eine Betonsohle eingebracht werden. Mit Hilfe einer schwimmenden Betoniereinrichtung konnte in kurzer Zeit an beiden Strompfeilern die Unterwasserbetonsohle im Kontaktorverfahren in einer Stärke von 1,5 m eingebracht werden.

Für den Unterwasserbeton kam Hochofenzement Z 225, 300 kg/m^3 und Mischkies 0—30 mm zur Verwendung. Das Ausbreitmaß des Betons war 47—50 cm, die 28-Tage-Festigkeit i. M. 230 kg/cm^2. Die Betonsohle wurde in 6 Teilabschnitten eingebracht.

Entsprechend der Auftriebskraft bei ungünstigstem Außenwasserstand hätte die Betonsohle eine Stärke von 2,50—3,0 m aufweisen müssen. Nach den Erfahrungen bei ähnlichen Arbeiten wurde jedoch mit einer zusätzlichen Verspannung und Haftung der Sohle zwischen Fundamentkörper und Spundwand gerechnet und die Betonsohle schwächer als rechnerisch erforderlich ausgeführt. Nach Leerpumpen der Baugrube war die Sohle bis auf einige kleinere Strudelstellen an der Spundwand gut dicht. Im Verlauf der Arbeiten in der leergepumpten Baugrube waren in der Sohlenplatte keine Risse festzustellen.

Ende 1950 erfuhren die Arbeiten am Pfeiler V eine unliebsame Unterbrechung. Durch mehrere Schiffshavarien im November (Abb. 51) und Dezember 1950 und Januar 1951 wurde die Pfeilerumspundung eingedrückt (Abb. 52). Die Arbeiten kamen vollständig zum Erliegen. Es mußten zunächst neue Spundbohlen bestellt und umfangreiche Sicherungsmaßnahmen zur Verhinderung weiterer Havarien ergriffen werden.

Inzwischen waren die Arbeiten am Strompfeiler IV aufgenommen worden und konnten durch Einsatz von frei werdenden Schwimmgeräten vom Pfeiler V beschleunigt vorangetrieben werden.

Beim Abbruch des unter den Trümmern vorgefundenen zerstörten Pfeilerschaftes in der eingespundeten Baugrube zeigten der Pfeilerbeton und der Füllbeton der Senkkastentaschen sehr geringe Festigkeit. Bei leichtem Anschlagen zerfiel der Beton und konnte sogar stellenweise mit

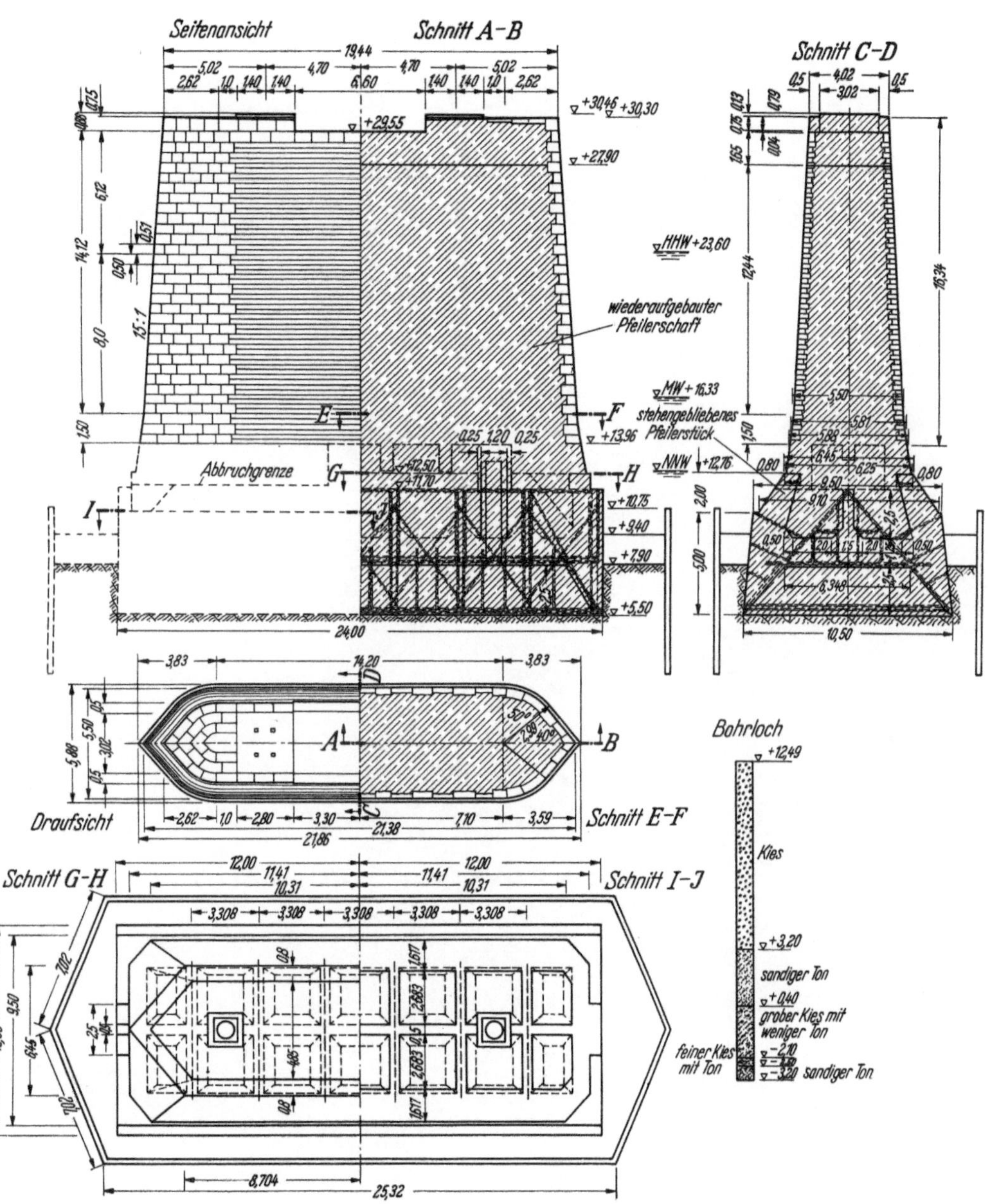

Strompfeiler IV.

der Schaufel ausgehoben werden. Untersuchungen ergaben, daß der Beton durch Umsetzen des Kalkanteiles des Bindemittels unter dem Einfluß von aggressiver Kohlensäure im Grundwasser zerstört worden war. Demgegenüber war nach eingehender Untersuchung der Beton der Außen- und Zwischenwände des Senkkastens von guter Beschaffenheit und Festigkeit. Der Senkkasten konnte demnach für den Wiederaufbau als vollständig in Ordnung gelten. Nach Abstemmen des zerstörten Betons (Abb. 53) bis zu der in Tafel IV gegebenen Umrißlinie bildeten sich im oberstromigen tiefergelegenen Fundamentteil Quellstellen mit erheblichem Wasseraustritt. Vor Einbringen des Betons für den aufgehenden Pfeilerschaft wurde das austretende Quellwasser in Drainagegräben gefaßt, die Gräben mit Rollkies ausgefüllt und mit Dachpappe gut abgedeckt. In der Außenwand mußten die Gräben in Rohrstutzen gefaßt und durch die Schalung geführt werden. Nach Ausstemmen eines 1,10 m breiten und 1,50 m hohen umlaufenden Streifens in dem Pfeilerstumpf wurde gemäß Gutachten des Herrn Professor Pirlet der Pfeilerkern durch

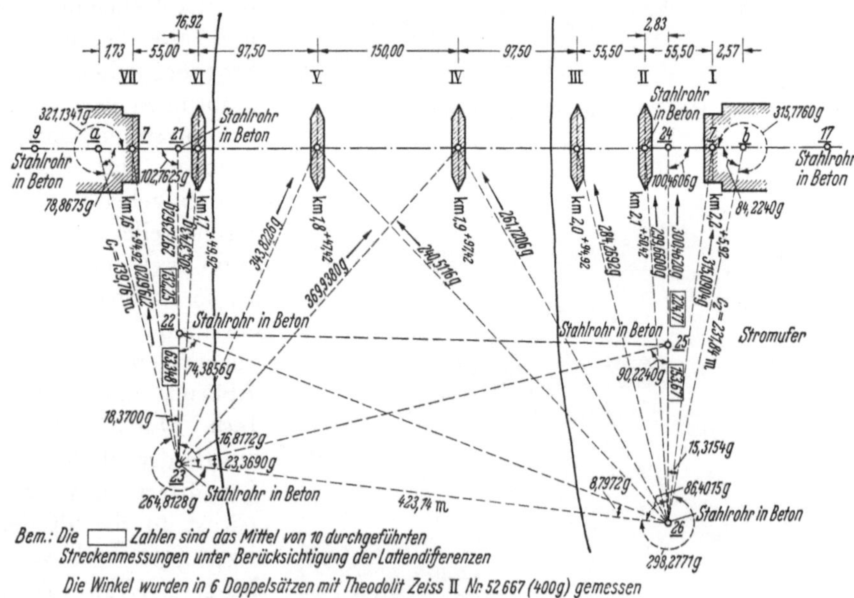

Abb. 47. Absteckskizze für die Vermessung.

eine starke Ringarmierung eingeschnürt, die durch 6 Querrippen verbunden ist. Das Betonieren des Pfeilerschaftes erfolgte zunächst bis Ordinate NN + 13,96. Für den Betonaufbau kamen bei Berücksichtigung des stark aggressiven Wassers zur Verwendung:

Mischkies 0—30 mm
Hochofenzement Z 225 300 kg/m³
Trass 50 kg/m³
Sessquisol 9 kg/m³ (ein Betonzusatzmittel zum Schutz gegen aggressives Wasser)

Die 28-Tagefestigkeit des Betons war i. M. 421 kg/cm². Im Anschluß an die Betonierungsarbeiten bis NN + 13,96, konnten die Drainagegräben durch Einpressen von Zementmilch in die Rohrstutzen verfüllt werden.

Der weitere Verlauf der Arbeiten zur Fertigstellung des Pfeilerschaftes ging schnell und reibungslos in Teilabschnitten von jeweils 1,0 m vor sich. Das Versetzen der Basalt-Quader und Bossen und das Einbringen des Füllbetons erledigte ein Schwimmkran, dessen Ausleger vorher verlängert worden war. Nach Erschöpfung der Auslegerreichweite wurde der Pfeiler vollständig eingerüstet (Abb. 54) und die Arbeiten durch Einsatz eines Schnellbauaufzuges und eines über jeden Punkt des Pfeilers verfahrbaren Bockwagens zu Ende gebracht.

Zur Aufnahme der Brückenauflager wurde als oberer Abschluß des Pfeilers eine durchgehende und zum Durchfahren des Besichtigungswagens sattelförmige Stahlbetonauflagerbank von 1,65 m bzw. 2,40 m Stärke angeordet.

Abb. 48. Strompfeiler IV: Räumen der Pfeilertrümmer.

Abb. 49. Strompfeiler IV: Polypgreifer bei der Arbeit.

Abb. 50. Pfeiler IV: Trümmerräumung.

Die Tafel IV zeigt den fertigen Strompfeiler IV mit den eingezeichneten Baumaßnahmen.

Vor der endgültigen Fertigstellung des Pfeilers IV konnten auch die Arbeiten am Strompfeiler V wieder aufgenommen werden. Nach Abschirmen der Pfeilerbaustelle durch schwere Leitwerke mußte zunächst der eingedrückte Kopf der Spundwand neu umspundet werden, wobei das Dichten der Nahtstellen zwischen neuer und alter Spundwand besondere Schwierigkeiten bereitete. Nach Einbringen der Sohlendichtung im neu umspundeten Teil und Leerpumpen der Baugrube erfolgte eine eingehende Untersuchung des Strompfeilers. Die Zerstörungen (Abb. 55) erwiesen sich dabei als so nachhaltig, daß der Pfeiler oberhalb Ordinate NN + 15,70 abgetragen werden mußte. Der Abbruch gestaltete sich sehr einfach. Durch leichte Bohrladungen wurde der Pfeilerbeton lagenweise erschüttert, das Trümmergut zunächst in die Pfeilerumspundung abgekippt und von dort ausgebaggert (Abb. 56). Später, nach Erreichen der Pfeilermitte, konnte das Baggergut durch Polypgreifer direkt abgegriffen und in Schuten verladen und verklappt werden. (Abb. 57). Der Pfeilerbeton unterhalb Ordinate NN + 15,70 zeigte sich von brauchbarer Beschaffenheit. Der Senkkasten wies allerdings einige durchgehende Risse auf und mußte daher über dem Unterwasserbeton durch einen Stahlbetonring verklammert werden. Der Wiederaufbau des Strompfeilers V über dem derart gesicherten Senkkasten entsprach dem Aufbau des Strompfeilers IV und ist aus den Abb. 58 u. 59 zu ersehen.

Nach Fertigstellung der Strompfeiler erfolgte ein Nachrammen der Spundwandumschließung bis 3 m unter Senkkasten Unterkante, um einer Auskolkungsgefahr zu begegnen (Abb. 60).

Die Abb. 60 zeigt die Strompfeiler in ihrer neuen Formgebung.

Die Vorlandpfeiler waren bei der Zerstörung der Rheinbrücke bis auf geringfügige Zerstörungen an der Werksteinverblendung nicht beschädigt. Die Änderung der Pfeilerform und des Stahlüberbaues erforderte einen Abtrag der Pfeiler i. M. von 2,20 m bis 3,50 m.

Nach Abbruch der Pfeilervorköpfe und der alten Auflagerquader erfolgte der weitere Abbruch derart, daß entsprechend der Güte des vorgefundenen Betons ein Pfeilerkern bestehen blieb. Vor Hochführen des Pfeilerschaftes bis auf die für den Stahlüberbau erforderliche Höhe wurde der Pfeilerkern durch eine Ringarmierung umschnürt. Den oberen Abschluß des Pfeilers bildete eine Auflagerbank aus Stahlbeton. Die später erfolgte Ausführung der Flutbrücken in vorgespannter Betonkonstruktion mit einer um 50 cm geringeren Bauhöhe als ursprünglich vorgesehen erforderte wieder eine nachträgliche Erhöhung der Pfeiler. Nach Entfernung der Pfeilerabdeckplatten wurde eine stark bewehrte durchgehende Stahlbetonplatte von rd. 0,65 m betoniert, die imstande war, die Auflasten gleichmäßig auf die darunter liegende Auflagerbank zu übertragen.

Besondere Sorgfalt benötigte die Gestaltung der Übergangspfeiler III und VI, mußten doch hier zwei grundverschiedene Bauelemente, Stahlfachwerk und vorgespannter Beton sinnvoll ineinandergefügt werden, ohne das gesamte Bild zu stören. Die Vorköpfe der Übergangspfeiler mußten bis hart an die Gehwegrandträger hochgeführt werden, um die unterschiedliche Auflagerung von Flut- und Strombrücke zu ver-

Abb. 51. Havarie am Pfeiler V am 18. 11. 1950.

Abb. 52. Eingedrückter Spundwandkasten am Strompfeiler V.

Abb. 53. Abbruch des zerstörten Betons über dem Senkkasten des Pfeilers IV.

decken. Der in Abb. 61 dargestellte Pfeiler mit dem Übergang von der Beton- zur Fachwerkbrücke wirkt im Gesamtbild der Brücke nicht störend. Die in ihrer Bauhöhe stark gedrückte Betonkonstruktion gleicht sich mit der leichten Fachwerkkonstruktion hier gut aus.

Abb. 54. Eingerüsteter Strompfeiler IV.

Die Neugestaltung der Widerlager sah an Stelle der Bewachungstürme Parallelflügel von 13,0 m bzw. 15,35 m Länge vor. Nach den vorliegenden alten Bestandszeichnugen waren die Widerlager in Schwergewichtskonstruktion ausgeführt. Die neuauszuführenden Widerlagerflügel konnten daher nicht mit der vorhandenen Konstruktion verklammert und z. T. aus dieser herausgekragt werden. Sie mußten in den hohen Zufahrtsrampen (Oberkante auf Ordinate NN + 31,58) bis auf den gewachsenen Boden gegründet werden. Nach Abbruch der Bewachungstürme des rechten Widerlagers über Ordinate NN + 23,35 wurde der Raum zwischen den Innenwänden (Tafel V) der Wachtürme und der tragenden Wand der früheren Kollonadensäulen über den Gehwegen des rechten Widerlagers bis Unterkante der Streifenfundamente auf Ordinate NN + 16,22 freigebaggert. Der Aushub machte den Einbau einer Getriebezimmerung bis zu einer Tiefe von 15 m erforderlich. Der freigelegte Raum wurde bis Ordinate NN + 26,00 mit Magerbeton aufgefüllt, wobei die kiesigen Aushubmassen als Betonzuschlag Verwendung fanden. Auf diesem Betonklotz wurde die Flügelmauer, als Winkelstützmauer aufgesetzt, wobei die Flügelmauer in ihrem oberen Teil um 3,40 m auskragt. Die Arbeiten am linken Widerlager waren durch die weitgehende Zerstörung weniger umfangreich, da die Abbrucharbeiten entfielen und entsprachen im Aufbau und der äußeren Gestaltung dem rechten Widerlager. Die gegenüber der Brückenbreite stark ausladenden Widerlager erhielten, um den Gesamteindruck der sehr massiv wirkenden Widerlager noch zu erhöhen, eine Steinbrüstung.

Abb. 55. Ausschnitt aus der Zerstörungszone des Pfeilers V.

Abb. 56. Abbruch des oberen Pfeilerteiles. Strompfeiler V.

Die völlig umgestalteten Widerlager stimmen in ihrem jetzigen Aussehen gut mit den Strom- und Vorlandpfeilern überein. Tafel V zeigt die Konstruktion des rechten Widerlagers.

Abb. 57. Abbruch des unteren Pfeilerdrittels. Strompfeiler V.

Die Werkstattarbeiten des Stahlüberbaues der Strombrücke

Die Werkstattarbeiten für den Stahlüberbau der Strombrücke boten in ihrem Ablauf keine besonderen Schwierigkeiten. Der Beginn der Arbeiten verzögerte sich allerdings infolge der damals sehr langen Lieferfristen der Walzwerke. Auch mußten wegen fehlender Profile Um- und Neubestellungen, sowie Änderungen der Zeichnungen vorgenommen werden.

Abb. 58. Abstemmen des zerstörten Pfeilerbetons in der Baugrube.

Die Bestellungen an Baustahl beliefen sich auf:

Stabstahl	St 37	110 t
	St 52	391 t
Bleche und	St 37	88 t
Breitflachstahl	St 52	970 t
Formstahl ..	St 37	229 t
Stahlgußlagerteile		39 t

Das Gesamtgewicht der Stahlkonstruktion ohne Lager beträgt 1730 t.

Die Konstruktion wurde zu 73 % genietet und zu 27 % in geschweißter Ausführung hergestellt.

Abb. 59. Betonieren des Pfeilerschaftes.

Die Hauptelemente des Tragwerks, wie Ober- und Untergurte, Diagonalen, Quer- und Längsträger und Portale wurden in St 52 nach Bundesbahnvorschrift ausgeführt. Alle übrigen Konstruktionsteile bestehen aus St 37. Die in der Werkstatt angezeichneten, gebohrten und genieteten Konstruktionsteile wurden, soweit es die Hauptträger betraf, in zusammenhängenden Stücken von je 3 Feldern mit der vorgesehenen Überhöhung ausgelegt, abgenommen und in den Gurtstößen und Diagonalanschlüssen auf Sollmaß aufgerieben. Diese Vormontage der 12 m hohen Fachwerkträger wurde fast ausschließlich in der Halle vorgenommen.

Die schwersten Stücke, die nach der Vormontage zur Baustelle zum Versand kamen, hatten ein Gewicht von 13,5 t und waren etwa 12,6 m lang.

Die Montage des Stahlüberbaues

Die Montage des Stahlüberbaues geschah in 3 Bauabschnitten (Tafel VI). Während die Seitenöffnungen auf je 4 Stützjochen montiert wurden, mußte die Mittelöffnung frei vorgebaut werden, um die Schiffahrt voll aufrecht erhalten zu können. In der rechten Talschiffahrtsöffnung sollte zunächst zwischen Joch 4' und Strompfeiler V eine Schiffahrtsrinne von 3,60 m offenbleiben. Nach den wiederholten Schiffshavarien im Bereich des Strompfeilers V wurde jedoch im Benehmen mit dem Wasser- und Schiffahrtsamt Wesel zur Sicherung der in der rechten Talschiffahrtsöffnung stehenden Montagejoche oberhalb der Montgomerybrücke eine abweisende Leitwand von 150 m Länge gerammt. Die Leitwand aus elf 4-pfähligen Dalben LP 4 legte sich quer vor die rechte Nebenöffnung und riegelte sie vollständig ab. In der Folgezeit haben Kollisionen mehrerer Schiffe mit der Leitwand die Richtigkeit dieser Baumaßnahme unterstrichen. Nach einem Werkstattvorlauf von 2 Monaten und Herstellung der Montagejoche in den Monaten Juni bis August sollte die Montage am 1. Okt. 1952 beginnen und in 5 Monaten bis Ende Februar 1953 beendet sein.

Abb. 60. Der neue Strompfeiler nach der Fertigstellung.

Abb. 61. Übergangspfeiler VI nach Fertigstellung.

Mitte August begann die Baustelleneinrichtung. Die Einrichtung der Baustelle geht aus Tafel VI hervor. Das Lagern und Bewegen der mit LKW ankommenden Konstruktionsteile besorgten Portalkräne von 12,0 m Spannweite und einer Tragkraft von 15 t. Auf einem Vorschubgleis führten Transportwagen die Konstruktionsteile den Vorbau-Derricks zu, die sie zum Einbau übernahmen.

Erster Bauabschnitt, Seitenöffnungen

Am 10. Oktober 1952 konnten die ersten Trägerstücke des Stahlüberbaues den Portalkränen zugeführt und am 16. Oktober bzw. 20. Oktober von den Vorbauderricks beidseitig aufgelegt werden (Abb. 62). Vor Beginn der Montage war zu beachten, daß die rechte Brückenhälfte gegenüber der endgültigen Lage um 100 mm zum Weseler Ufer hin verschoben montiert und erst nach Einbau der Untergurtstäbe in Brückenmitte beigeschoben wurde. Da während des Freivorbaues Querverbände nur in Form von Portalrahmen über den Pfeilern vorhanden waren und die Hauptträger-Diagonalen in den Untergurt-Knotenpunkten keine volle seitliche Einspannung hatten, war es erforderlich, zusätzlich vorübergehende Sicherungsmaßnahmen zu treffen. Es mußte daher bei Erreichen der Stützjoche III und IV bzw. III' und IV' (Abb. 63) in der Ebene der Diagonale D_3 und D_5 bzw D'_3 und D'_5 je ein Querverband eingebaut werden. Der Querverband bestand aus einer zug- und druckfesten Diagonale von rd. 40 t Tragkraft in Verbindung mit einem oberen Riegel von ± 11 t Tragfähigkeit.

Tafel V

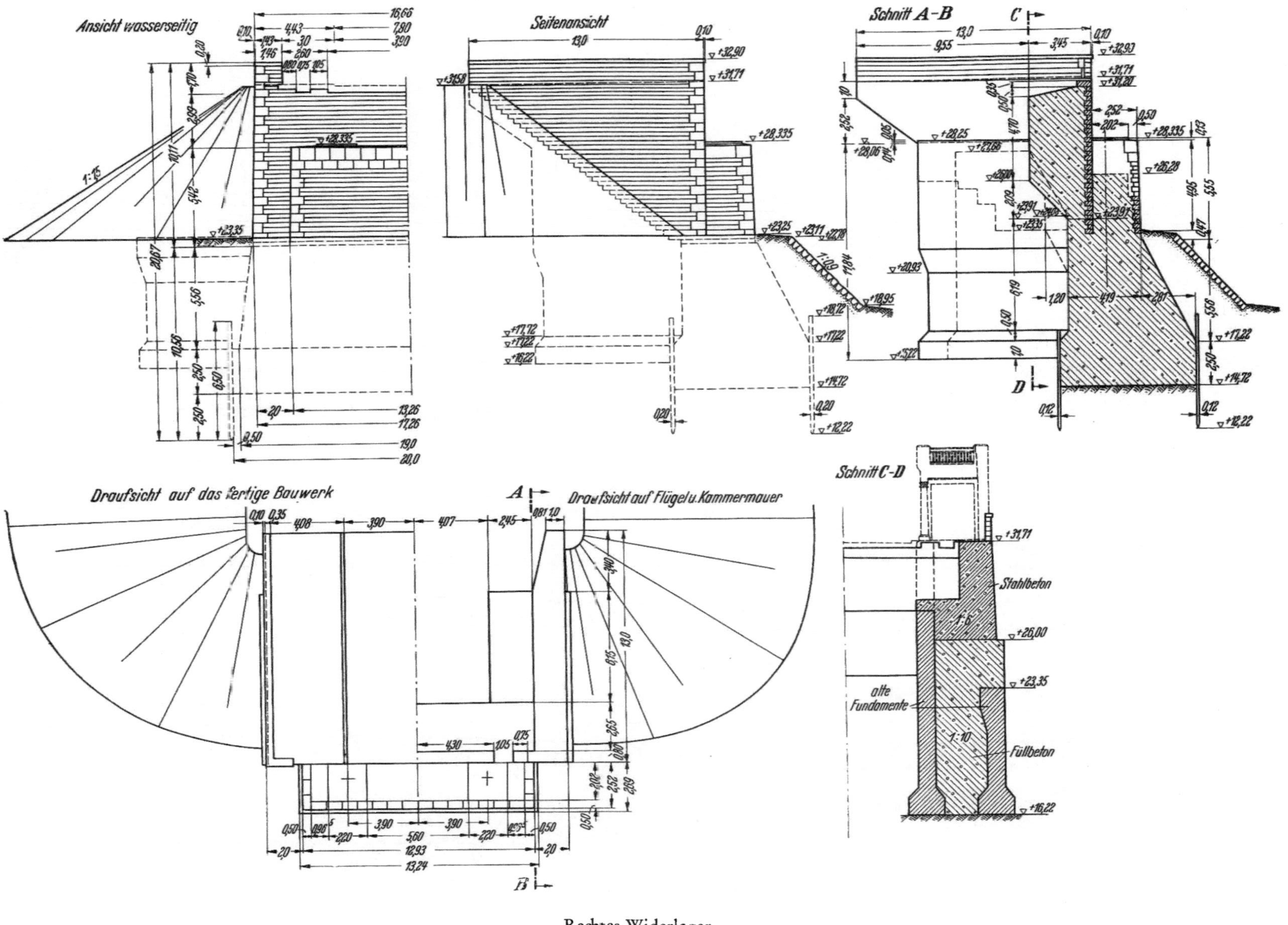

Rechtes Widerlager.

Tafel VI

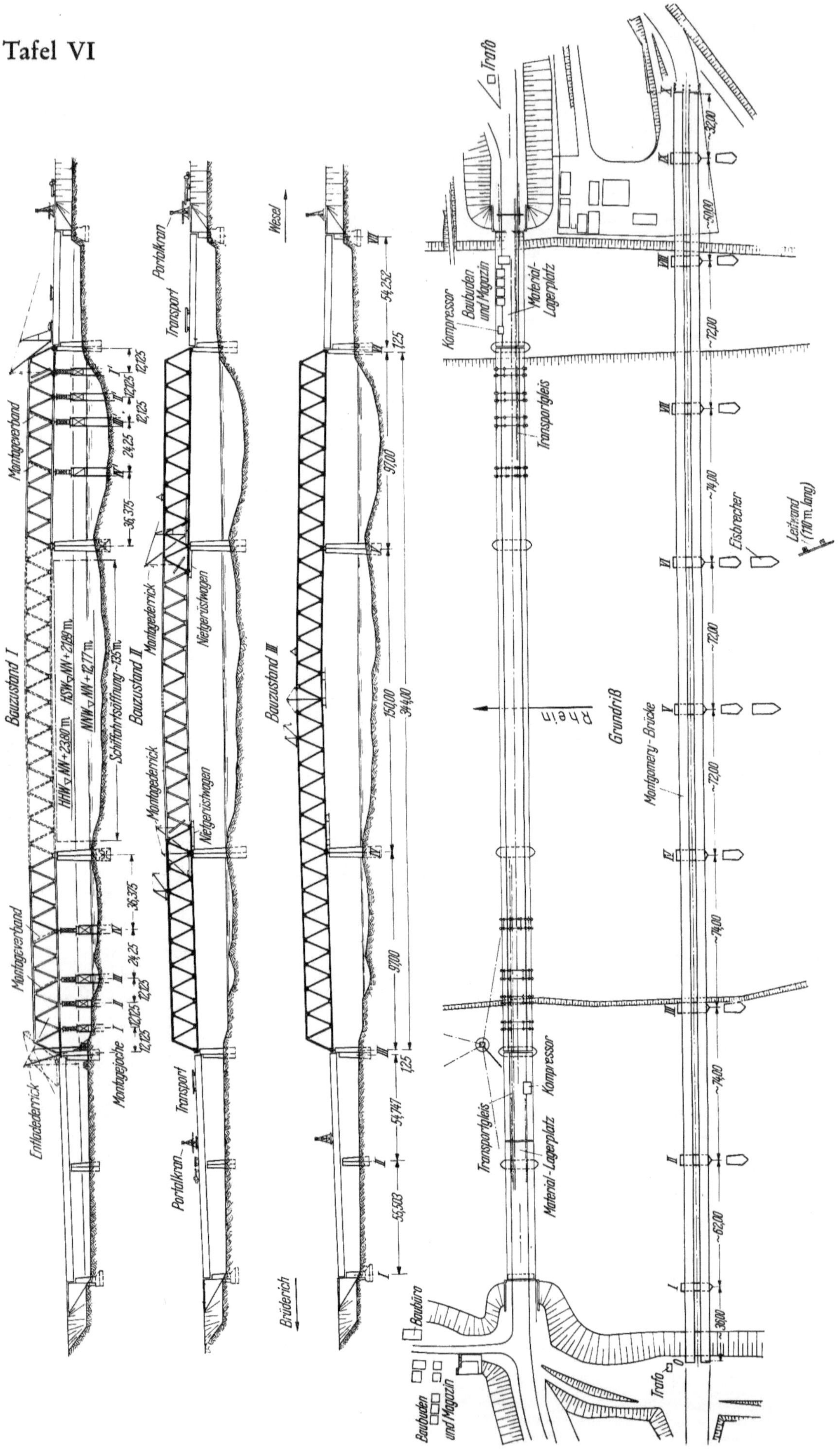

Montageplan und Baustelleneinrichtung.

Während anfänglich für die Montage eines Feldes 6 Tage benötigt wurden, verringerte sich die Montagezeit schließlich auf rd. 3 Tage je Feld.

Da Ende Dezember bis Anfang Januar mit Eisgang zu rechnen war und der starke Verbau der rechten und linken Öffnung durch Leitwerke und Montagejoche für die Montgomery-Brücke eine große Gefahr bedeutete, mußte eine schnelle Beendigung des ersten Bauabschnittes angestrebt werden. Durch Umdisponieren der Werkstattarbeit und Überstunden war es möglich, bereits am 6. bzw 8. Dezember die Strompfeiler IV und V zu erreichen. Nach vollständigem Abnieten des Haupttragsystems, Einbauen des oberen Windverbandes bis zum Portal, Vorbau des Feldes 8—9 konnte der Einbau-Derrick vorgefahren, das Windportal über dem Pfeiler eingebaut und die Brücke noch vor Weihnachten freigesetzt werden.

So war es möglich, noch Ende Dezember mit dem Abbau der Joche und des Leitwerkes zu beginnen und am 23. Januar 1953 diese Arbeiten mit der Freigabe der bis dahin gesperrten Seitenöffnungen zu beschließen.

Zweiter Bauabschnitt, Freivorbau der Mittelöffnung

Am 2. Januar 1953 konnte von beiden Strompfeilern aus der Freivorbau beginnen (Abb. 64 u. 66). Nach Montieren des ersten Feldes wurde ein 15 m langer und 12 m breiter, fahrbarer Nietwagen angehängt, der auf den Unterflanschen der Träger für den Besichtigungswagen lief. Mit Rücksicht auf die nach Herstellung der Durchlaufwirkung der Hauptträger vorgesehenen Hebung der Lager III und VI um 30 mm sowie auf zusätzliche Durchbiegungen infolge Belastung durch Vorschubgleis und Bohlenbelag wurden die Lager III und VI während des Freivorbaues etwa 50 mm tiefer als die endgültige Lage angeordnet.

Die Reihenfolge bei der Montage im Freivorbau war: steigende Diagonale, Obergurt, fallende Diagonale und Einbau des Untergurtes von unten, anschließend Querträger mit vollständigem Fahrbahnrost, oberer und unterer Windverband.

Abb. 62. Montagebeginn am Pfeiler III vom Vorland aus.

Für die Montage des oberen Windverbandes wurden fahrbare Portalkräne und Derricks von etwa 1,5 t Tragkraft — auf dem Obergurt laufend — auf beiden Seiten eingesetzt. Der Montage folgten zwei, zeitweise drei Nietkolonnen, die dafür sorgten, daß das Tragsystem abgenietet war, bevor der Vorbauderrick das nächste Feld in Angriff nahm. Zur Sicherung gegen Abheben von den Endlagern III bzw. VI wurde eine Rückhaltevorrichtung für eine Gegenlast von 29 t angebracht und der Stahlüberbau auf den Pfeilern III und VI gegen quer zur Brücke wirkende Windkräfte verkeilt. Am 22. Januar 1953 war die Verbindung zwischen den beiden Freivorbau-Hälften hergestellt (Abb. 67).

Dritter Bauabschnitt, Einsetzen des Schlußstückes

Vor dem Schließen der Brücke zeigte sich zwischen den freivorgebauten Hauptträgern eine Höhendifferenz von 65 mm. Durch Abbau der in ihrem Gewicht unterschiedlichen Vorbaugeräte und

Ausrichten der Brücke konnte der Zusammenschluß ohne Mühe erfolgen. Am 6. Februar 1953 wurden die in der Werkstatt vorher genau abgelängten Paßstücke der beiden Obergurte eingebaut (Abb. 68) und am 9. Februar das Richtfest begangen (Abb. 69).

Die Restarbeiten

Nach dem Schließen der Brücke war die Durchlaufwirkung der Hauptträger hergestellt. Es konnte nun mit dem Nieten des Fahrbahnrostes und der Windverbände von Brückenmitte aus begonnen werden. Gleichzeitig wurden die Fußwegrandträger und das Geländer eingebaut und verschraubt. Nach dem Betonieren der Fahrbahntafel konnte das Geländer ausgerichtet und vernietet werden. Diese Restarbeiten am Stahlüberbau waren bis zum 15. April 1953 beendet.

Die Fahrbahnplatte und Gehwege

Noch während der Nietarbeiten am Fahrbahnrost wurde bereits am 15. Februar 1953 mit den Schalungsarbeiten für die Fahrbahntafel von Brückenmitte aus nach den beiden Widerlagern begonnen. Durch Verwendung von Hico-Schalungsträgern und Poloschalungstafeln (Abb. 70 u. 71) war es möglich, die Einschalung der Fahrbahntafel sehr einfach zu gestalten und in kurzer Zeit zu beenden. Der Einschalung folgte die Bewehrung der 20 cm starken Fahrbahnplatte (Abb. 72). Auf den m^2 Brückenfläche kamen 37,2 kg schlaffe Bewehrung, für die Gehwege 10,3 kg/m^2.

4 Wochen nach Beginn der Schal- und Bewehrungsarbeiten rollten schon die ersten Schüsselwagen mit Beton zu den Betonierabschnitten in Brückenmitte.

Die Betongüte war B 300 mit 325 kg Portlandzement Z 325 auf den m^3 Beton. Die Zuschlagstoffe wurden in 3 Körnungsstufen 0—3, 3—7, 7—30 mm beigemengt, der Wasserzementfaktor war 0,48. Die Güteprüfung ergab eine Betonfestigkeit W_b 28 = 417 kg/cm^2. Für die Fahrbahnplatte waren insgesamt 594 m^3 Beton zu leisten, je Betonierungsabschnitt von 25 m Länge 42 m^3. Zur Beschleunigung der Fertigstellung waren an beiden Widerlagern Betoniereinrichtungen aufgebaut. Das Betonieren der Fahrbahnplatte entsprach so dem gesamten Arbeitsablauf von der Mitte gleichzeitig nach den beiden Widerlagern. Am 24. März war die Fahrbahnplatte fertig betoniert.

Nach Ausrichten und Abnieten des Randträgers und des Geländers folgte das Einschalen, Bewehren und Betonieren der 9 cm starken Gehwegplatte. Diese Arbeiten gingen glatt vor sich und beendeten am 15. April 1953 die Herstellung von Fahrbahn und Gehwegen.

In der verhältnismäßig kurzen Zeit von 10 Wochen waren folgende Leistungen erzielt worden:

Arbeitsvotgang	Gesamtmassen	Gesamtstunden	Stundenleistung
1	2	3	3 : 2
Schalung der Fahrbahn und Gehwege einschl. aller Nebenarbeiten	4100,— m^2	7150	1,75 h/m^2
Bewehren der Fahrbahn und Gehwege	134 t	8900	66,— h/t
Betonieren der Fahrbahnplatte einschl. Vorbereitungen und Nachbehandlung	594,— m^3	5900	9,95 h/m^3
Betonieren der Gehwege einschl. Vorbereitungen und Nachbehandlung . .	152 m^3	1395	9,2 h/m^3
Entschalen der Fahrbahn und Gehwege	4100,— m^2	3700	0,9 h/m^2

Die Flutbrücken

Die Ausführung der rechts- und linksrheinischen Flutbrücken in vorgespannter Betonkonstruktion stand von Anfang an unter dem Druck der äußerst knapp bemessenen Fertigstellungstermine. Es mußte versucht werden, die Flutbrücken bis zum Herbst 1952 fertigzustellen, um die Montage des Stahlüberbaues von den Flutbrücken und nicht vom Vorgelände aus zu beginnen.

Die Einfeldbrücke

Die Auftragserteilung erfolgte am 18. April 1952. Schon am 28. April begann das Einrichten der Baustelle mit dem Aufstellen der Baubuden. Das Verzimmern und Aufstellen des

Abb. 63. I. Bauabschnitt: Erreichen von Stützjoch IV.

Lehrgerüstes ging schnell vor sich. Aus Termingründen mußte auf eine zweimalige Verwendung eines Lehrgerüstes verzichtet und Ein- und Zweifeldbrücke gleichzeitig voll eingerüstet werden. Nach Herstellung von Einzelfundamenten in Stahlbeton zur Aufnahme der Pfostenauflasten konnten in kurzer Aufeinanderfolge die Lehrgerüste rechts- und linksrheinisch erstellt werden. Das gut durchkonstruierte Lehrgerüst wies einen Holzverbrauch von 1,4 % des umbauten Raumes auf und war in der verhältnismäßig kurzen Zeit von 4 bzw. 8 Wochen für die Zweifeldbrücke aufgestellt. Der Überhöhungsplan für das Ausrichten des Lehrgerüstes sah für die Gerüstzusammendrückung in Brückenmitte 1 cm und als Überhöhung für unvorhergesehene Bewegungen und Setzungen 5 cm vor.

Abb. 64. II. Bauabschnitt: Januar 1953, Freivorbau vom Pfeiler IV aus.

Parallel mit den Schalungsarbeiten für die Haupt- und Querträger und für die Fahrbahnplatte (Abb. 73) liefen die Vorbereitungen für das Verlegen der Spannbewehrung. Vor der Montage der Spannstäbe wurde vom Unternehmer auf der Baustelle — unabhängig von den vorliegenden Werkstattattesten — die Stahlgüte des St 90 und des St 52 (für die Muffen) zusätzlich mit einem Duroskop geprüft.

Nach Verlegen der Bügelbewehrung wurde die Spannbeweh-

Abb. 65. Linke Freivorbauhälfte in 75 m Länge vor dem Zusammenschluß

rung der Hauptträger eingebracht, und zwar für jeden Hauptträger 118 Stück Spannstäbe in Längen von 45,0—55,0 m. Bei Einzellängen von 20 m wiesen die verlegten Stränge 2 Muffenverbindungen auf.

Im Anschluß an die Verlegung der Spannbewehrung in Längsrichtung und der schlaffen Bewehrung der Fahrbahnplatte konnte auch die Spannbewehrung in Querrichtung verlegt werden. Die Spannstäbe hatten in Feldmitte einen Abstand von 40 cm. Zu verlegen waren insgesamt 204 Stück in Längen von 11,45—11,85 m.

Für die richtige Höhenlage der Spannbewehrung in Längsrichtung sorgten stark ausgesteifte Böcke aus Rundeisen Ø 26 mm mit aufgeschweißten Nocken zum Einlegen der Spannstäbe. Diese Böcke unterstützten die Spannstäbe in Abständen von je 3,50 m. Die vorgeschriebene Betonüberdeckung von 5 cm wurde durch kugelförmige Betonabstandhalter gewährleistet. In Querrichtung war die richtige Höhenlage der Spannbewehrung durch Betonklötze verschiedener Stärken gesichert. Besondere Sorgfalt erforderte die Führung der Spannbewehrung in Längs- und Querrichtung an den Verankerungs- und Anspannstellen. Die sich kreuzenden Spanneisen wurden an den Anspannstellen nach einem besonderen Verankerungsplan exakt verlegt und die Verankerungszähne an den Anspannstellen nach Zeichnung geschalt und zusätzlich bewehrt.

Vor Betonieren der Einfeldbrücke waren umfangreiche Vorversuche erforderlich, um die richtige Betonzusammensetzung festzulegen. In der folgenden Tabelle sind die Ergebnisse der einzelnen Versuchsreihen wiedergegeben.

Vorversuche zur Bestimmung der Betonmischung

Lfd. Nr.	Beton-Zusatzmittel	$\frac{W}{Z}$	Ausbreitmaß cm	$\tau_{b\,14}$ kg/cm²	$\tau_{b\,28}$ kg/cm²	Bemerkungen
1/2	Plastiment 0,75 % vom Zementgewicht		31	501	602	
3/4	Quarzmehl 3,0 % der Zuschläge		32	412	495	B 450.350 kg Zement m³ Beton
5/6	Nullmischung	0,48	31	453	549	
7/8	Plastiment 0,75 % vom Zementgewicht Quarzmehl 3 % der Zuschläge		31	534	541	Zuschläge: 0—3 33 % 3—7 25 %
9/10	Traß 3 % der Zuschläge		32	432	483	7—30 42 %

Nach den vorgenommenen Versuchen wurde für die geforderte Betongüte B 450 folgender Betonaufbau gewählt:

Bindemittel: 335 kg/m³ Portlandzement 325 (Dyckerhoff Doppel, Werk Mark)

Zuschlagstoffe:			
84 kg	Quarzmehl		4,0
515 kg	Rheinsand	0— 3	27,0
195 kg	„	3— 7	10,0
1150 kg	Rheinkies	7—30	59,0
1944 kg			100 %

Wasser: 161 l (ohne Sättigungswasser) $\frac{w}{z} = 0{,}48$

Betonzusatzmittel: Plastiment 2,5 kg/m³ Beton.

Konsistenz: schwach plastisch. Ausbreitmaß = 32—34 cm.

Erzielte Festigkeit: W_b 14 = 440 kg/cm² i. M.
W_b 28 = 570 kg/cm² i. M.
W_b 90 = 670 kg/cm² i. M.

Das Betonieren erfolgte in ununterbrochener Betonierungsfolge am 26. und 27. Juni 1952 in einem Arbeitsgang. Bei voreilenden Hauptträgern wurde der volle Brückenquerschnitt vom Übergangspfeiler VI (Abb. 31) nach dem Widerlager VII betoniert.

In Dreischichtenbetrieb wurden 434 m³ Beton in 32 Stunden eingebracht.

Die Zugabe der Zuschlagstoffe in 3 Körnungsstufen erfolgte über abkippbare Meßkästen in Schüsselwagen, die durch eine Diesellok den zwei 500 l-Mischern zugeführt wurden. Die Mischung war derart abgestimmt, daß der Zement sackweise zugegeben wurde, wobei auf jede Mischung mit 298 l Festbeton 2 Sack Zement kamen.

Die Eigenfeuchtigkeit der Zuschlagstoffe fand bei der Wasserzugabe Berücksichtigung. Das Anmachwasser wurde unabhängig von der Meßeinrichtung der Mischmaschine durch Einschalten einer Wasseruhr kontrolliert. Zum Einbringen des Betons in die 2,70 m hohen Balken dienten bis zu einer Schütthöhe von 1,50 m Schüttrohre. Im weiteren Verlauf konnte der Beton durch Abkippen aus den von Hand geschobenen Schüsselwagen eingebracht werden. Vor Einbringen des Betons wurde zunächst eine 5 cm starke Betonmörtelschicht — Korngröße bis 7 mm — eingebracht, um beim Schütten voreilendes Grobkorn in einem Mörtellager aufzufangen und eine Kiesnestbildung zu vermeiden. Die Betonverdichtung geschah durch Einsatz von Tauchrüttlern und durch Abklopfen der Schalung mit leichten Boschhämmern. Auf dem Brückenquerschnitt waren 4 Rüttelflaschen und

Abb. 66. Blick in die rechte Freivorbauhälfte.

Abb. 67. Zusammenbau in Brückenmitte vor Schließen des Untergurtes.

2 Boschhämmer eingesetzt. Die Anordnung der Spanneisen in den Hauptträgern mit einem frei bleibenden mittleren Zwischenraum von 17 cm erleichterte die Rüttelarbeit. Eine gute und sorgfältige Verdichtungsarbeit war vor allem an den Verankerungsstellen erforderlich. Das Herausarbeiten der Verankerungszähne aus dem zunächst voll eingebrachten Beton erfolgte erst nach Abbinden des Betons.

Dem Betonieren der Fahrbahnplatte folgte das profilgerechte Abziehen und Abreiben der Betonoberfläche von Hand.

Während der Erhärtungszeit wurde der Beton durch Berieselung mit rotierenden Wassersprengern genügend feucht gehalten.

Bekanntlich begünstigt die starke Wärmeentwicklung des Betons beim Abbindeprozeß mit der nachfolgenden Abkühlung auf die Außentemperatur die Rissebildung des in Längsrichtung

Abb. 68. III. Bauabschnitt: Schließen des Obergurtes am 6. 2. 1953.

Abb. 69. Richtfeier.

vor dem Anspannen praktisch unbewehrten Betonkörpers. Um die Rissebildung zu vermeiden, wurde 5 Tage nach dem Betonieren in Längsrichtung eine Teilvorspannung von rd. 10 kg/cm² eingeleitet. Der Beton hatte zu dieser Zeit eine Festigkeit von $W_b\,5 = 275$ kg/cm². Bei einem Betonquerschnitt von $F_b = 3{,}49$ m² mußte je Hauptträger eine Normalkraft von $N_v = 349$ t aufgebracht werden. Zur Einleitung dieser Normalkraft wurden je Hauptträger 30 Stränge herangezogen. Dies entsprach je Strang einer Eisenspannung

$$\sigma_e = \frac{349\,000}{30 \cdot 5{,}31} = 2200 \text{ kg/cm}^2.$$

Bei Aufbringen der Teilvorspannung konnte die Exzentrizität der Vorspanneisen unberücksichtigt bleiben. Da das Eigengewicht entgegenwirkt, wird nur eine mittige Druckspannung eingeleitet.

14 Tage nach dem Betonieren wies der Beton i. M. eine Festigkeit $W_b\,14 = 446$ kg/cm² auf und entsprach damit der vorgeschriebenen Festigkeit von 440 kg/cm² für B 450 beim Vorspannen. Nach vorbereitenden Arbeiten, wie Lösen der vorher an die Verankerungsplatten leicht angehefteten Bundmuttern und handfestem Wiederanziehen der Muttern konnte 17 Tage nach dem Betonieren mit dem Vorspannen begonnen werden.

Abb. 70. Schalung der Fahrbahnplatte mit „Hicoträgern".

Das Anspannen erfolgte mit 4 Spanngeräten, zunächst in Querrichtung, anschließend in Längsrichtung. Die während des Anspannens auftretende Betonstauchung fand beim Anspannen Berücksichtigung. Während des Spannvorganges fanden 3 nebeneinanderlaufende Kontrollen statt:

1. Ablesen und Einhalten des vorgeschriebenen Manometer-Höchststandes (430—450 atm).

2. Ablesen des Ausziehmaßes durch Zählwerk am Spanngerät.

3. Messen des Überstandes des Vorspannstabes mit Überstandmesser als Differenz vor und nach dem Anspannen und Festhalten der Werte in nachprüfbaren Protokollen.

Abb. 71. Die eingeschalte Fahrbahnplatte.

Abb. 72. Kreuzweise bewehrte Fahrbahnplatte vor dem Betonieren.

Für das dem Spannvorgang folgende Auspressen der Umhüllungsrohre kam Zementmilch in der Zusammensetzung von:

25 l Wasser,
50 kg Zement,
½ l Plastiment

mit einer Festigkeit W_b 28 = 423 kg/cm² i. M. zur Verwendung.

Das Einpressen der Zementmilch besorgte eine von Hand betriebene Membranpumpe. Mit dem Betonieren der Verankerungszähne, der Fußwege und des Gesimses über der vorgespannten Kragplatte konnten die Arbeiten an der Einfeldbrücke termingemäß beendet werden.

Die Zweifeldbrücke

Inzwischen waren auch die Arbeiten an der Zweifeldbrücke angelaufen. Lehrgerüste, Schalung, schlaffe Bewehrung und Spannbewehrung der Platte in Querrichtung entsprachen der Einfeldbrücke.

Die Führung der Längsspannbewehrung über 2 Felder bedeutete Baulängen bis zu 110 m mit 5 Muffenstößen für den einzelnen Strang. Die Stränge wurden auf dem Montageplatz (Abb. 74) in den erforderlichen Längen zusammengebaut und von einer Trägerkolonne auf die Brücke transportiert. Auf 5 m Stablänge kam 1 Träger. Auf der Brücke übernahm eine zweite Kolonne die Eisen und verlegte sie sofort in die bereits aufgestellten Hebeböcke der Hauptträger (Abb. 75 u. 76). In die Hauptträger mußten je 72 Spanneisen (Abb. 77) und im Bereich der negativen Momente, über dem Zwischenpfeiler 168 Stäbe in einer Länge von 19,0—40 m über den Querschnitt verteilt als Zulage verlegt werden (Abb. 78 u. 79). Das größte Ausziehmaß für die Spanneisen in Längsrichtung betrug 271,8 mm. Das Betonieren der 110 m langen Zweifeldbrücke sollte in 8 Teilabschnitten nach dem in Abb. 80 dargestellten Arbeitsplan erfolgen. Die einzelnen Betonierabschnitte konnten mit zwei 500 l-Mischmaschinen in einer Schicht gut bewältigt werden.

Insgesamt mußten 831 m³ Beton geleistet werden. Die 1,5 m breiten Raumfugen (Abb. 80) zwischen den einzelnen Betonierabschnitten wurden aus Maschendraht mit einer Maschenweite von 5 mm gebildet. Die Raumfugen kamen jeweils zwischen zwei Jochen zu liegen, um beim Betonieren des Nebenfeldes keine Einwirkung auf den erhärtenden Beton des bereits betonierten Abschnittes zu erhalten. Drei Tage nach Schließen der Raumfugen wurde dem Beton eine Druckvorspannung von 9 kg/cm² gegeben. Hierzu mußte in den Längsträgern die Hälfte der Eisen mit $^1/_3$ der Vorspannkraft angezogen werden.

Abb. 73. Unterspannte Pfetten auf dem Lehrgerüst zur Aufnahme der Schalplatten.

Der Betoniervorgang sah vor, zunächst die Hauptträger auf die Länge eines Abschnittes, anschließend die Gehwege und Fahrbahnplatte zu betonieren. Dabei konnte es nicht ausbleiben, daß alter und neuer Beton 2—3 Stunden auseinanderlagen. In jedem Falle ließen sich trotz des Zeitunterschiedes alter und neuer Beton noch gut durchrütteln. Angestellte

Abb. 74. Montageplatz für die 110 m langen Spannstränge der Zweifeldbrücke.

Abb. 75. Führung der Längsspannbewehrung an den Anspannstellen am Widerlager.

Abb. 76. Führung der Längs- und Querspannbewehrung an den Anspannstellen.

Versuche auf der Baustelle mit Probewürfeln zeigten, daß abgestandener Beton, der nach 2—3 Stunden nochmals durchgerüttelt wurde, keine Festigkeitseinbuße erlitt.

Im Bereich der negativen Momente war über dem Pfeiler eine Druckplatte von 15—30 cm Stärke angeordnet. Während des Betonierens des Mittelabschnittes mußten zunächst durch Öffnungen in der Fahrbahnplatte die Druckplatte und im Anschluß daran der Querträger, die Hauptträger und die Fahrbahnplatte betoniert werden.

Nach Erhärten des Betons erfolgte das Spannen der Spannstäbe ähnlich wie bei der Einfeldbrücke (Abb. 81).

Das Injizieren der bis zu 110 m langen Stäbe der Längsvorspannung besorgte ein sogenannter Injektor mit automatischem Rührwerk, der an einen Kompressor angeschlossen war. Das Austreten

Abb. 77. Hauptträger mit der fertig verlegten Längsspannbewehrung.

der Zementschlempe, auch bei den längsten Stäben bot Gewähr für eine einwandfreie Ummantelung der Spannstähle. Für das Injizieren der längsten Spannstähle war eine Zeit von 10 Minuten nötig.

Die Entwässerung der Fahrbahnplatte erfolgt aus gußeisernen Regeneinlaufkästen unmittelbar auf das Vorland.

Die Kabelführungsanlage der Deutschen Bundespost und die Starkstromleitungen des Rheinisch-Westfälischen Elektrizitätswerkes sind in den Gehwegen untergebracht. Hierzu wurden im Aufbeton der Gehwege über den beidseitigen Kragplatten Kabelformsteine verlegt, die an den Pfeilern III und VI über eine Übergangskonstruktion in den Kabelkasten der Strombrücke münden.

Eine Wasserrohrleitung ist unter der Fahrbahnplatte angeordnet. Zu ihrer Befestigung sind Halfeneisen in die Fahrbahnplatte einbetoniert worden.

Abb. 78. Zusätzliche Spannbewehrung der Platte über dem Zwischenpfeiler.

Für die Schalung der Hauptträger war zur Erzielung guter Betonsichtflächen gehobelte und gefalzte nordische Schalung, die senkrecht zur Längsrichtung angeordnet war, verwandt worden. Trotz gutem Aussehen der Sichtflächen sollte der Beton zur Belebung und besseren Tönung der Sichtflächen grob gespitzt und außerdem freigelegte Quarzkiesel mit scharfem Meißel aufgesprengt werden (Abb. 82).

Mit ihrer niedrigen Bauhöhe in Verbindung mit den wuchtigen Widerlagern und Pfeilern bilden die Flutbrücken wirkungsvolle Einzelglieder im Gesamtbild der Brücke. Die Abb. 83 und 84 zeigen die fertige Zweifeldbrücke. In der folgenden Zusammenstellung sind einige bemerkenswerte Daten des Tragwerkes der Ein- und Zweifeldbrücke wiedergegeben.

Einheitsmassen je qm Brückenfläche

	Tragwerk Einfeldbrücke $l = 54{,}25$ m	Tragwerk Zweifeldbrücke $l_1 = 55{,}50$ m $l_2 = 54{,}75$ m
Beton	0,61	0,58 m³/m²
Schlaffe Bewehrung	17,9	18,00 kg/m²
Spannstahl St 90	73,5	62,50 kg/m²
Schalung	1,89	1,92 m²/m²
Kosten der Betonkonstruktion (ohne Lehrgerüste)	287,—	255,— DM/m²

Die Abdichtung und der Fahrbelag

Das Charakteristische bei der Ausführung der Abdichtung und des Fahrbelages der Rheinbrücke in Wesel war, daß der Gußasphalt ohne Zwischenschalten einer Schutzschicht unmittelbar auf die Dichtung aufgebracht wurde.

Nach Aufbringen und Abtrocknen eines Bitumen-Voranstriches wurde zunächst die Betonfläche unterhalb und seitlich der Basaltbordschwelle in Zementmörtel versetzt (Abb. 36). Im Bereich der Bordsteine erhielt die Aluminiumabdichtung noch einen Bitumendeckaufstrich, in den eine Lage 500er nackte Bitumenpappe eingebettet und deren Oberfläche ebenfalls mit Bitumen satt deckend überstrichen wurde. Diese zusätzliche Maßnahme war notwendig, um das Aluminium vor einer direkten Berührung mit dem alkalischen Mörtelbett der Steine zu schützen.

Abb. 79. Draufsicht auf die fertigbewehrte Zweifeldbrücke vor dem Betonieren.

Nach dem Versetzen der Bordsteine folgte der Einbau der Metallabdichtung auf der Fahrbahnplatte und den Gehsteigen. Die Metallbänder wurden dabei im Gieß- und Einwalzverfahren in die heißflüssig verarbeitete Spezialbitumenmasse eingeklebt (Abb. 85). An den Längsnähten wurden sie mit 10 cm überlappt, Quernähte erhielten eine Überdeckung von 20 cm. Besondere Sorgfalt der Ausführung erforderten die Anschlüsse der Abdichtung an die Durchdringungen des Stahlüberbaues, an die Fahrbahnübergänge, an die Abschlußwinkel der Flutbrücken und die Winkel der Randträger der Strombrücke. Hier waren jeweils an den Stahlkonstruktionsteilen in Höhe der Abdichtung Flacheisen aufgeschweißt, die ein Aufkleben der Metallbänder gestatteten. An dem Abschlußwinkel bzw. am Randwinkel mußte die Abdichtung unterhalb des waagrechten Schenkels mit Teerstrick und Bleiwolle verstemmt bzw. mit Dichtungsmasse gut vergossen werden. Einzelheiten der Abdichtung an diesen Anschlußpunkten sind in Tafel VII wiedergegeben.

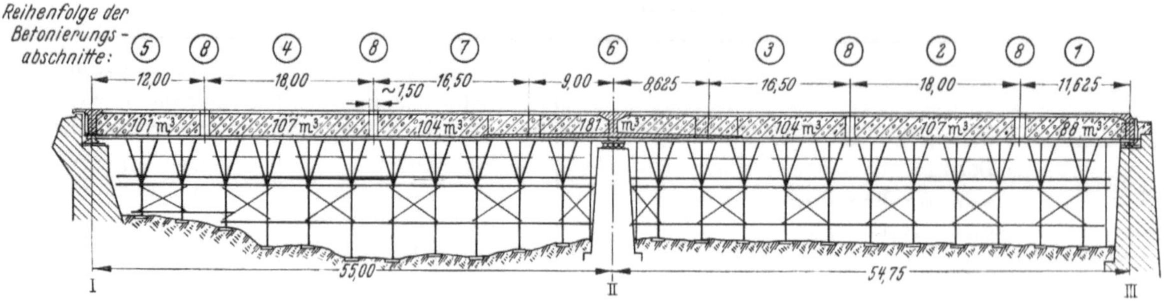

Abb. 80. Arbeitsplan für das Betonieren.

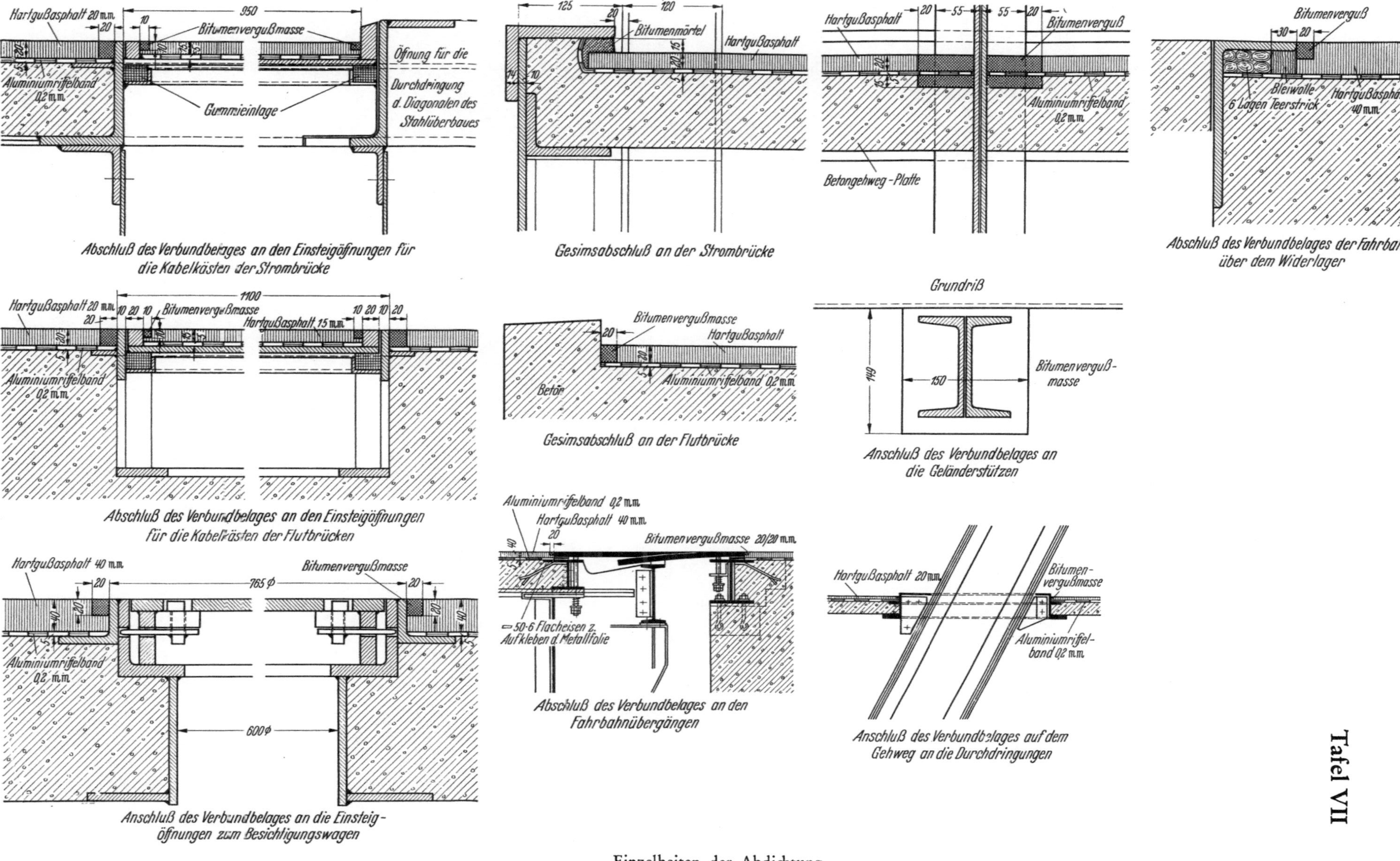

Einzelheiten der Abdichtung.

Für die Dehnungsfugen der Betonplatte wurde eine besondere Winkelrahmenkonstruktion entworfen und verlegt, die ein einwandfreies Heranführen der Abdichtung gestattete (Abb. 86).

Abb. 81. Spannen in Querrichtung.

Zug um Zug mit dem Einbau der Abdichtung wurde auch der Hartgußasphalt in zwei Schichten von je 2 cm Dicke ohne irgendwelche Trennschicht unmittelbar auf das blanke Aluminium-Riffelband aufgebracht (Abb. 87). An allen Anschlußstellen der Durchdringungen, Übergänge usw. mußten in der 2. Einbaulage des Gußasphaltes 1 cm breite Fugen ausgebildet werden, die später mit asbestgefüllter Fugenvergußmasse ausgefüllt wurden. Der im Gefälle 1 : 100 liegende Gußasphalt stützt sich einmal gegen die Übergangskonstruktion des Stahlüberbaues an den beweglichen Lagern auf Pfeiler III und VI, ferner gegen die Winkelrahmenkonstruktion der Dehnungsfugen der Fahrbahnplatte und auf den Flutbrücken gegen die Abschlußwinkel über den Widerlagern. Es waren daher keine zusätzlichen Maßnahmen, z. B. durch Einbetonieren von Flacheisen oder dergleichen, erforderlich, um Schubkräfte im Gußasphalt auf die Betonfahrbahntafel abzuleiten. Der Abschluß der Abdichtungs- und Asphaltarbeiten am 19. Mai bedeutete die Beendigung der eigentlichen Arbeiten für die Herstellung der Rheinbrücke Wesel.

Abb. 82. Betonansichtsfläche der grobgespitzten Hauptträger mit Lager der Zweifeldbrücke.

Abb. 83. Ansicht der fertigen Zweifeldbrücke.

In der Folgezeit wurden bis zur Einweihung und Verkehrsübergabe der Brücke der Anstrich der Stahlkonstruktion und eine Probebelastung nebst den dazugehörigen Untersuchungen durchgeführt.

Die Probebelastung und Versuche

Die konstruktive Durchbildung eines Brückenbauwerks erfolgt nach einer vorher aufgestellten statischen Berechnung unter Annahme von Lastengruppen, die in ungünstigster Stellung den untersuchten Brücken-Querschnitt belasten.

Abb. 84. Untersicht der Zweifeldbrücke gegen Pfeiler II.

Sinn und Zweck von Probebelastungen, von Versuchen und Beobachtungen auf der Baustelle ist, die gemessenen wirklichen Werte (Spannungen, Durchbiegungen und Bewegungen) mit den theoretischen zu vergleichen.

So wurde auch die neue Rheinbrücke vor der Verkehrsübergabe einer Probebelastung unterworfen. Die Ergebnisse sind für die Strombrücke in der Anlage 1 und für die Flutbrücken in der Anlage 2 am Schluß der Denkschrift erörtert.

Während des Injizierens der Spannstäbe der Zweifeldbrücke wurden einfache Versuche angestellt, um die Verbindung zwischen Stab- und Umhüllungsrohr nach Einpressen von Zementmilch festzustellen. Durch einen einfachen Ziehversuch an einem verpreßten Stabstück von 1,00 m, 2,00 m und 3,00 m Länge ohne Verankerung sollte die Ausziehkraft bis zum Gleiten der Stäbe, die Haftfestigkeit und der Gleitwiderstand ermittelt werden. Das Ausziehen der Stäbe erfolgte mit der üblichen 32 t-Presse mit Pumpe.

Die Versuche zeigten, daß

1. ein Stab von 3,00 m Länge mit der Verspannpresse nicht aus der ihn umgebenden erhärteten Zementschlempe herausgezogen werden kann (aufgebrachte Kraft $P = 28{,}8$ t),

Abb. 85. Einwalzen der Aluabdichtung über den ganzen Brückenquerschnitt und 1. Lage Gußasphalt.

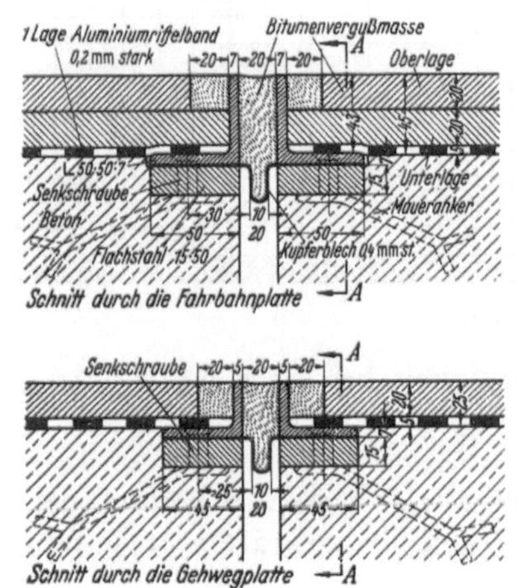

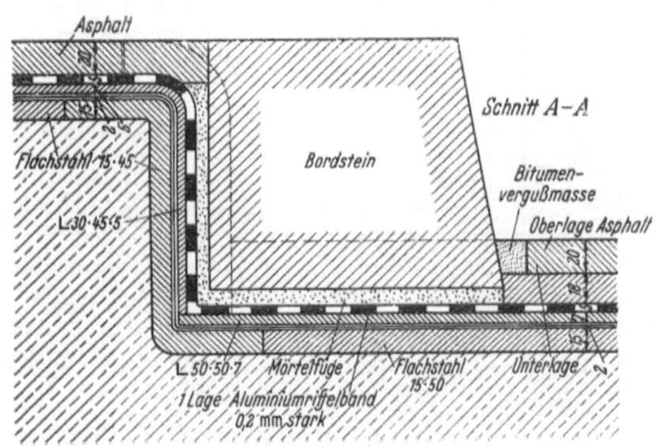

Abb. 86. Ausbildung der Dehnungsfuge in der Betonplatte.

Abb. 87. Aufbringen des Gußasphalts auf die blanke Aluabdichtung.

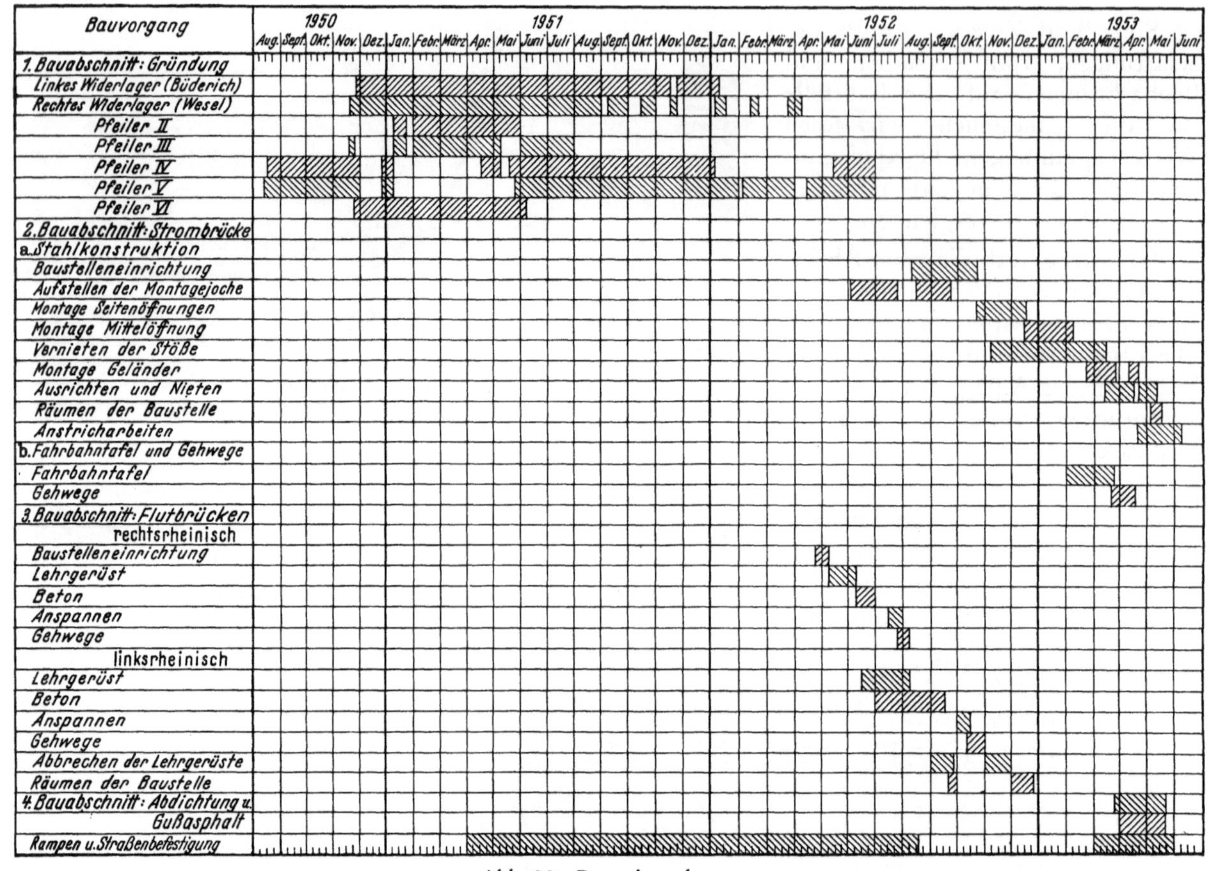

Abb. 88. Bauzeitenplan.

2. bei dem Stab von 1,0—2,0 m Länge die Haftfestigkeit bei einer Kraft von 9,45 t bzw. 21,0 t überwunden ist, entsprechend einer Haftspannung von 11,6 kg/cm² bzw. 13,6 kg/cm², für den 2,0 m Stab.

3. mit beginnendem Gleiten die Ausziehkraft P noch gesteigert werden konnte, bis ein Gleichgewichtszustand zwischen P und den am Stabe wirkenden Reibungskräften entstand. In diesem

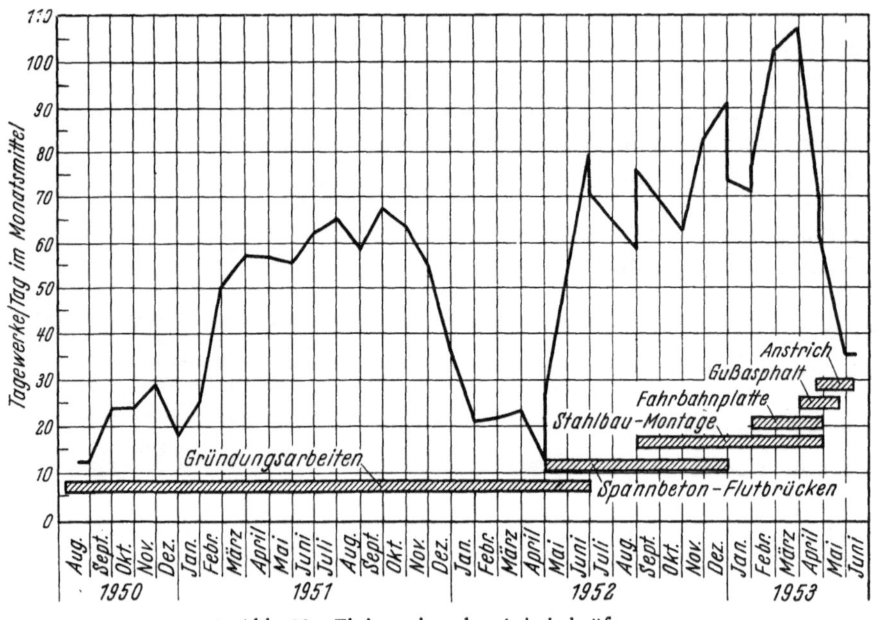

Abb. 89. Fluktuation der Arbeitskräfte.

Gleitzustand betrug die Kraft $P = 15{,}6$ t bzw. 27,8 t für den 2,0 m Stab. Der Gleitwiderstand war 19,1 kg/cm² bzw. 17,0 kg/cm².

Der zeitliche Ablauf der Bauausführung und Bauleistungen

Der Verlauf der Arbeiten vom Beginn der Tiefbauarbeiten an den Pfeilern am 14. August 1950 bis zur Verkehrsübergabe geht aus dem Bauzeitenplan Abb. 88 hervor.

Während der gesamten Bauzeit fielen insgesamt

48 200 Tagewerke auf der Baustelle und
10 750 Tagewerke in den Werkstätten

der beiden Stahlbaufirmen an.

Die Fluktuation der Arbeitskräfte ist in Abb. 89 festgehalten.

Der Wiederaufbau der Rheinbrücke bedingte folgende Leistungen

Bauteil	Baustoffe		Bauhilfsstoffe	
	Beton m³	Stahl t	Holz m³	Stahl t
T i e f b a u a r b e i t e n				
Pfeilerbauten:				
Beton und Stahlbeton	6 550			
Unterwasserbeton	490			
Bewehrung		55		
Spundbohlen				513
Leitwerke				342
Fahrbahntafel und Gehwege:				
Schalung			231	57
Stahlbeton	750			
Bewehrung		123		
Flutbrücken:				
Spannbeton	1 255			
Lehrgerüst	45		388	16
Schalung			342	2
Stahlbeton	147			
Spannstahl St 90		160		
Schlaffe Bewehrung		50		
Lagerteile		27		
S t a h l b a u a r b e i t e n				
Stahlbauarbeiten		1 730	70	450
Lager		39		
Zusammen:	9 237	2 184	1 031	1 380

Ferner mußten 35 000 m³ Bodenmassen für die Schüttung der Rampen bewegt und 4650 m³ alte Betonkonstruktion abgebrochen werden.

Darüber hinaus wurden geleistet:

Werkstattnieten	202 300	Stück
Baustellennieten	76 700	Stück
Werkstattschweißnähte	21 400	lfdm
Baustellenschweißnähte	400	lfdm
Anstrich	22 500	m²
Abdichtung und Gußasphalt	7 320	m²

Bauleitung, bauausführende Firmen, Kosten des Brückenbaues und Finanzierung

Die Bauleitung Am 1. Juli 1950 wurde unter Leitung von Dr.-Ing. Fleig eine Neubauabteilung für den Bau der Rheinbrücke mit Sitz in Wesel eingerichtet.

Mitarbeiter waren:

Verm.-Ingenieur Humpert	für Vermessungsarbeiten,
Bauingenieur Weichelt	für Betonarbeiten, Flut-Brücken, Abdichtung und Anstrich,
Bauingenieur Jungjohann	für Rampenanfahrten, Bodenbewegungen,
Bauingenieur Heise	für Pfeilerbauten, Leitwerke, Joche und Stahlüberbau,
Dipl.-Ing. Döring	für Flutbrücken, Fahrbahnplatte,
Angestellter Florack	für zeichnerische Arbeiten,
Angestellter Giesen	für Verwaltung,
Fräulein Rüsing	für Verwaltungs- und Schreibarbeiten.

Das Aufgabengebiet der Neubauabteilung war:

1. die Planung, Entwurfsgestaltung, Ausschreibung der Tiefbauarbeiten und Mitwirkung bei der konstruktiven Durchbildung.

2. die Aufstellung der Verträge und deren Abrechnung,

3. die Bauüberwachung und Abnahme der Bauwerke.

Die Neubauabteilung war der Abteilung V (Straßenbau und Wasserwirtschaft) unter Leitung von Ministerial-Dirigent Kayser im Ministerium für Wirtschaft und Verkehr des Herrn Ministers Dr. Sträter unterstellt. Die oberste Bauleitung, die Genehmigung der statischen Berechnungen, der Konstruktionszeichnungen und des Bauablaufs oblag Ministerialrat Berr als Brückenreferent und seinen Mitarbeitern Dipl.-Ing. Müller, Dipl.-Ing. Marx und Bauingenieur Kloft.

Es wirkten außerdem mit:

als Gutachter für den Tiefbau und der statischen Berechnungen für die Flutbrücken Professor Dr.-Ing. Pirlet, Technische Hochschule, Aachen,

als Prüfer der statischen Berechnungen und konstruktiven Durchbildung des Stahlüberbaues Dr.-Ing. Hoening, Düsseldorf, gest. 3. Februar 1953,

als Berater für äußere Formgestaltung Professor Mehrtens, Technische Hochschule, Aachen.

Ausführende An der Ausführung der Arbeiten für die Brücke und die Rampen wirkten maßgeblich mit:

Stahlüberbau der Strombrücke:

Firma Gutehoffnungshütte, Oberhausen-Sterkrade

Direktor Garnjost	Prof. Dr.-Ing. Peppler	Dipl.-Ing. Schulz
Direktor Dr.-Ing. Höhne	Dr.-Ing. Dotzauer	Ing. Röttger
Dr.-Ing. Stoltenburg	Ing. Hüttermann	Oberrichtmeister Rehnen
Dipl.-Ing. Wintzer	Obering. O. Reckwitz	
Dipl.-Ing. Dr. Krause	Obering. Brüggemann	

Firma Dortmunder Union, Brückenbau-A.G., Dortmund

Dr.-Ing. E. h. Mauterer
Prof. Dr.-Ing. Schleicher
Dr.-Ing. Fuchs
Dipl.-Ing. Jacobi
Obering. Festor
Ing. Reckwitz
Richtmeister Gapski

Flutbrücken

Firma Dyckerhoff & Widmann KG., Düsseldorf

Direktor Dipl.-Ing. Ruf
Dr.-Ing. Lücking
Dipl.-Ing. Pfeiffer
Bauleiter Lübbemeyer

Pfeilerbauten

Arbeitsgemeinschaft: Züblin-Holzmann-Trapp-Hülskens

Firma Ed. Züblin AG., Duisburg

Direktor Dipl.-Ing. Withum
Dipl.-Ing. Jurowitsch
Dipl.-Ing. Stump
Bauleiter Weidner
Ing. Kaspers

Firma Ph. Holzmann AG., Düsseldorf

Direktor Dipl.-Ing. Bischoff
Dipl.-Ing. Erbe
Dipl.-Ing. Rummel
Bauführer Schmidt

Firma F. C. Trapp, Wesel

Dr.-Ing. Trapp
Dipl.-Ing. Gruno

Firma Gerh. Hülskens & Co., Wesel

Dipl.-Ing. Krieger
Dipl.-Ing. von Redtberg

Pfeilerverkleidung

Natursteinwerke Kaspar Rüber, Mayen
Kaspar Rüber

Josef Karges GmbH., Mülheim-Ruhr
Josef Karges

Fahrbahnplatte

Firma Gebr. Kiefer AG., Duisburg

Direktor Oberbaurat a. D. Tiefholz
Ing. Brunet
Dr.-Ing. Graudenz
Bauführer Morawetz

Asphaltarbeiten und Abdichtung

Firma Baugesellschaft Malchow GmbH., Köln

Dr.-Ing. Malchow
Dr.-Ing. Haefner
Direktor Kollin
Dipl.-Ing. Teske

Lieferung der Farben

Firma Ruhroter Lackfabrik Feidner & Fischer, Duisburg-Meiderich

Dr. Stratenwerth

Anstrich

Firma Sandstrahl-Entrostungen, Industrie-Anstriche Bernert & Co. KG., Berlin-Charlottenburg

Fritz Bernert

Firma Sandstrahl-Entrostungen, Anstrich von Eisenkonstruktionen, Schüler, Duisburg

Otto Schüler

Kosten des Brückenbaus

Die Herstellkosten für den Wiederaufbau der Rheinbrücke und der beidseitigen Rampen sind:

Bauteil	Herstellkosten	% der Gesamtkosten von 1–10: DM 6 375 000,–
1. Pfeiler und Widerlager	1 533 000,–	24,00
2. Flutbrücken	862 000,–	13,50
3. Stahlüberbau	2 800 000,–	44,00
4. Fahrbahntafel und Gehwege	228 000,–	3,57
5. Abdichtung und Gußasphalt	190 000,–	2,97
6. Anstrich	105 000,–	1,65
7. Leitwerke	118 000,–	1.85
8. Wahrschaudienst	31 000,–	0,50
9. Rampenarbeiten, Zu- und Abfahrten, Straßenbefestigungen, Vorlandpflaster	268 000,–	4,20
10. Gemeinkosten		
a) Prüfung und Gutachten, Abnahme, Versuche und Probebelastung, Unterhaltung während der Bauausführung	50 000,–	0,78
b) Bauleitung und Verwaltung	190 000,–	2,98
		100,00
11. Sonstiges (Lippebrücke, Havariekosten usw.	948 000,–	0,0
12. Unvorhergesehenes	277 000,–	0,0
Zusammen:	7 600 000,–	0,0

In der folgenden Zusammenstellung sind die **Einheitspreise** einiger bemerkenswerter Bauteile der Rheinbrücke wiedergegeben:

Bauteil	Herstellungskosten DM	Gesamtmassen	Kosten je Einheit DM
1	2	3	4
1. Strompfeilerschaft mit Basaltverkleidung bis Senkkasten Oberkante ohne Spundwandumschließung	240 000,–	1 835 m^3	130,–
2. Basaltlavaverkleidung des Strompfeilers (Zulageposition zum Beton des Pfeilerschaftes)	123 500,–	737 m^2	167,50
3. Flutbrücken in vorgespannter Betonkonstruktion einschl. Lehrgerüst	862 000,–	2 410 m^2	360,–
4. Stahlüberbau	2 800 000,–	1 769 t	1 585,–
5. Betonfahrbahnplatte des stählernen Überbaues	167 000,–	2 680 m^2	62,30
6. Betongehwegplatte	61 000,–	2 240 m^2	27,20
7. Abdichtung und Gußasphalt, Randeinfassung und Fugenausbildung einschl. aller Nebenarbeiten für die Fahrbahnplatte und Gehwege der Strombrücke und Flutbrücke	190 000,–	7 320 m^2	26,–
8. Anstrich einschl. Entrostung nach § 12 b d. RoSt.	105 000,–	22 500 m^2	4,70

NACHWORT

Der Niederrhein mit seinen stark differierenden Wasserständen hat dem Brückenbau besondere Aufgaben gestellt. Sparsame und wirtschaftliche Konstruktionen unter Verwendung verschiedenartiger Baustoffe konnten zu einem harmonischen Ganzen gefügt werden.

In der flachen niederrheinischen Landschaft erheben sich aus dem Strome die kräftigen und hohen Pfeiler, auf denen das fast zierlich wirkende Fachwerk der neuen Brücke aufliegt. Eine altbewährte Formgebung von schlichter und imposanter Konstruktion verbindet die Ufer und wird die durch die Zerstörungen des Krieges entstandene Verkehrsnot beseitigen.

Möge diesem neuen Bauwerk eine friedliche und völkerverbindende Zukunft beschieden sein!

Düsseldorf, im Juni 1953.

Der Minister für Wirtschaft und Verkehr
des Landes Nordrhein-Westfalen.

(Dr. Sträter)

Verzeichnis der Abbildungen

Die Rheinbabenbrücke

Die Montgomerybrücke

Die neue Rheinbrücke bei Wesel

Verzeichnis der Tafeln

Probebelastung der Strombrücke

Am 22. Mai 1953 wurde die Probebelastung der neuen Rheinbrücke durchgeführt.

Versuchsanordnung

Als Belastung dienten:

A. ein Lastzug, bestehend aus einer Zugmaschine von 14,2 t Gewicht und einem Roller mit einem Gesamtgewicht von 48 t,

B. ein Lastzug, bestehend aus je einer Zugmaschine von 14,2 t Gewicht vor und hinter einem Roller mit einem Gesamtgewicht von 111 t und

C. ein Lastzug wie bei A., jedoch mit einem Roller von 50 t Gesamtgewicht,

die zunächst in Brückenmitte und dann in einer Seitenöffnung unterstromseitig in der Reihenfolge A—B—C von Wesel nach Büderich angeordnet waren (Abb. 90). Bei diesen statischen Belastungsversuchen wurden die Durchbiegungen der Knotenpunkte und bei der Laststellung 1 auch die Dehnungen der Stäbe O_{VIII}, U_8, O_{XIV} und U_{14} (Ab. 29) gemessen. Außerdem wurden für diese Stäbe auf der Unterstromseite die Einflußlinien der Dehnungen für zwei verschiedene wandernde Lastgruppen aufgezeichnet. Die Überfahrt der Fahrzeuge geschah in der Reihenfolge A—B—C unterstromseitig von Wesel nach Büderich und oberstromseitig von Büderich nach Wesel mit einer Geschwindigkeit von etwa 5 km/h und bei der Überfahrt der Fahrzeuge A und C nebeneinander von Büderich nach Wesel (Abb. 91) mit einer Geschwindigkeit von 5 km/h und 11 bis 15 km/h.

Abb. 90. Schwerlastfahrzeuge bei der ersten Auffahrt auf die Strombrücke.

Durchführung der Versuche

Die Durchbiegungen wurden mit einem Nivellierinstrument und die Dehnungen beim statischen Belastungsversuch mit einem Setzdehnungsmesser von Pfender mit einer Meßstrecke von 100 mm, beim dynamischen Belastungsversuch mit einem Geiger-Spannungsmesser mit einer Meßstrecke von 500 mm und mit drei Induktivgebern mit einer Meßstrecke von 200 mm bestimmt. Als Empfänger für die Induktivgeber diente eine Trägerfrequenzmeßbrücke von Hottinger, an die zur Aufzeichnung der Dehnungen ein tragbarer Siemens-Dreischleifen-Oszillograph angeschlossen war (Abb. 92).

Zur Ermittlung der Dehnungen beim statischen Belastungsversuch wurden auf dem Unter- und Oberflansch der oben genannten vier Stäbe unter- und oberstromseitig je vier Meßstellen vorgesehen. Beim dynamischen Belastungsversuch waren die Induktivgeber unterstromseitig am Unter- und Oberflansch der Untergurte und am Unterflansch der Obergurte angeordnet, der Geiger-Spannungsmesser auf der Oberseite der Obergurte.

Meßgenauigkeit

Die Genauigkeit der Durchbiegungmessungen kann zu ± 1 mm und die der statischen Dehnungsmessungen, in Spannungen ausgedrückt, zu ± 20 kg/cm² angenommen werden; auf dem Oberflansch der Obergurte muß jedoch mit größeren Fehlern gerechnet werden, da sich die am Tage der Belastungsprobe herrschende Sonneneinstrahlung auf die Meßergebnisse fühlbar auswirkte und keine Möglichkeit bestand, die Messung nachts zu wiederholen. Bei den dynamischen Messungen war jedoch der Einfluß der Sonneneinstrahlung praktisch ohne Bedeutung, da jede Meßfahrt nur wenige Minuten in Anspruch nahm. Es kann daher die Genauigkeit der Induktivgebermessung zu ± 4 % vom jeweils ermittelten maximalen Meßwert angenommen werden. Beim Geiger-Spannungsmesser, der in Ermangelung eines vierten Meßkanals für Induktivgeber verwendet wurde, ist der Fehler größer und dürfte etwa ± 25 kg/cm² betragen.

Meß-ergebnisse

Die mit Hilfe des Setzdehnungsmessers beim Lastfall 1 und die aus den Oszillogrammen bzw. Diagrammen der Einflußlinien bei drei Fahrzeugen hintereinander erhaltenen Beanspruchungen für die Laststellung in Brückenmitte sind in der Zahlentafel I zusammengestellt. Sie lassen untereinander eine recht befriedigende Übereinstimmung erkennen. In der Zahlentafel II sind die aus der dynamischen Messung allein erhaltenen Ergebnisse für zwei Fahrzeuge nebeneinander angegeben; Abbildung 93 zeigt zwei der bei dieser Fahrzeuganordnung aufgenommenen Oszillogramme. Die auf diesen erkennbaren Unterbrechungen der Zeitmarkierung geben die jeweilige Lage der Einweisungspunkte der Fahrzeuge an. In den Zahlentafeln sind außer den gemessenen auch die rechnerischen Beanspruchungen nach der elementaren Fachwerk-Theorie, bezogen auf den jeweiligen Bruttoquerschnitt, eingetragen.

Abb. 91. Schwerlastfahrzeuge bei der Überfahrt nebeneinander für dynamische Versuche.

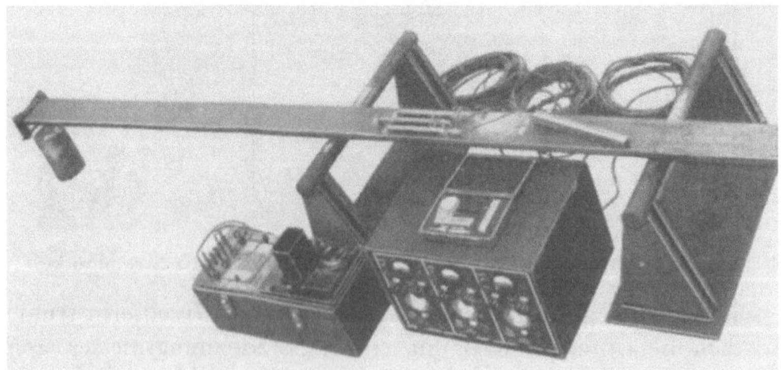

Abb. 92. Eichversuch der Meßgeräte. Setzdehnungsmesser und Induktivgeber mit Trägerfrequenzmeßbrücke und Schleifenoszillograph.

Schluß-folgerungen

Ein Vergleich der gemessenen und rechnerischen mittleren Normalspannungen in den unter- und oberstromseitigen Stäben bei exzentrischer, d. h. auf einer Fahrbahnseite angeordneter Belastung durch drei Fahrzeuge hintereinander, und bei zentrischer Belastung durch zwei Fahrzeuge nebeneinander in Brückenmitte läßt erkennen, daß die gemessenen Spannungen in den Obergurten kaum von den rechnerischen abweichen, in den Untergurten jedoch wesentlich kleiner sind. Unter Zugrundelegung der gemessenen Beanspruchungen beim Punkt 14 zeigt sich, daß die Fahrbahn mit etwa 20 % ihres ideellen Querschnittswertes an der Lastaufnahme in beiden Lastfällen beteiligt ist, wenn vom Einfluß der Knotensteifigkeit abgesehen wird. Außerdem kann aus den Meßergebnissen entnommen werden, daß die Lasten bei exzentrischer Anordnung sich nicht auf Grund ihrer Abstände von den Hauptträgern auf diese verteilen, sondern ein Ausgleich der Beanspruchungen im günstigen Sinne stattfindet, der auf die Torsionssteifigkeit des räumlichen Fachwerks zurückzuführen ist. Beim Punkt 8 sind die Verhältnisse wegen des örtlichen Einflusses des Auflagers unübersichtlicher, doch ist auch hier sowohl die Mitwirkung der Fahrbahn als auch der Ausgleich der Beanspruchungen durch die Torsionssteifigkeit deutlich erkennbar.

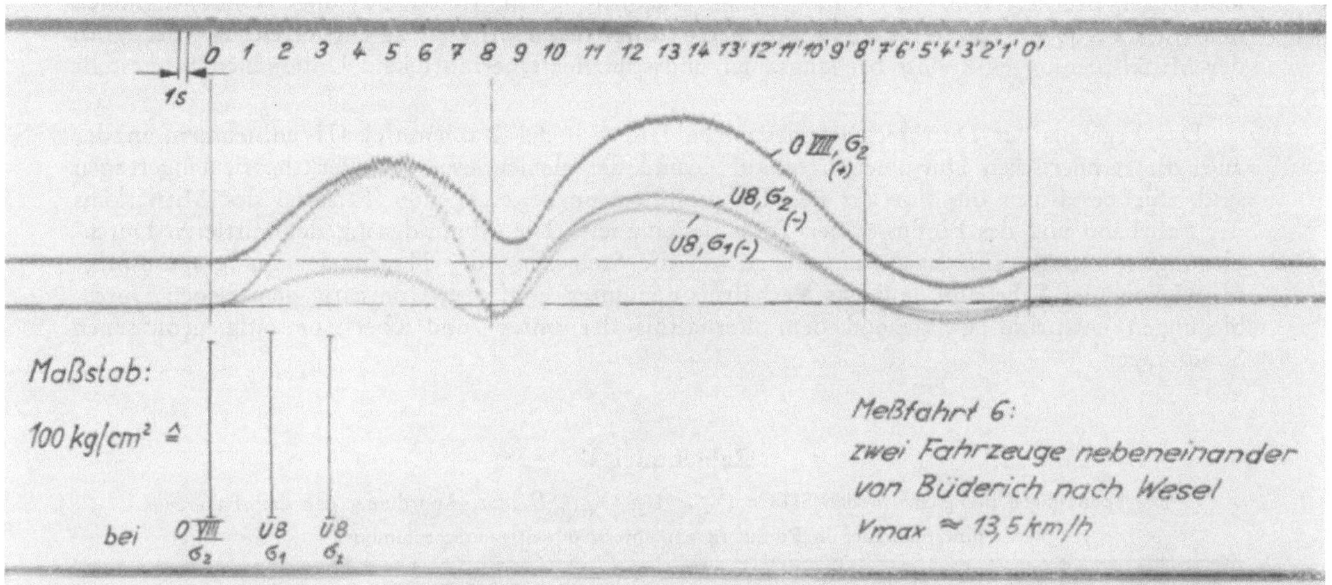

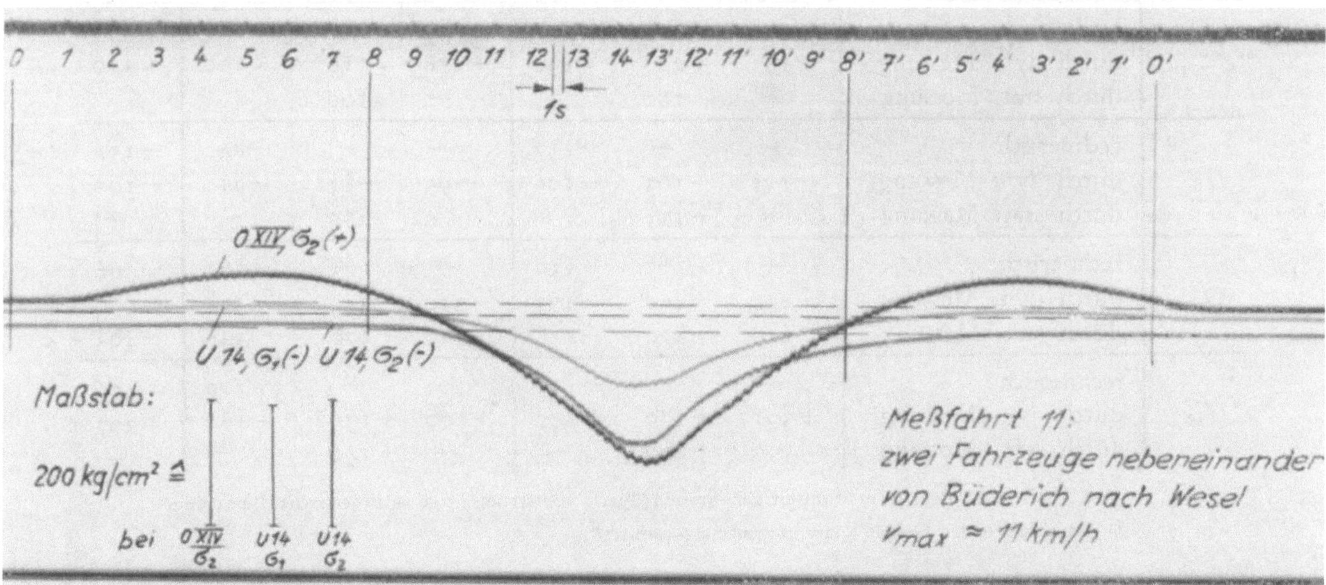

Abb. 93. Oszillogramme der mit Induktivgebern ermittelten Beanspruchungen in den Stäben O_{VIII}, U_8, O_{XIV} und U_{14}.
σ_1 Spannungen auf der Oberseite der Stäbe. σ_2 Spannungen auf der Unterseite der Stäbe.

Gleichzeitig lassen sich aus den Meßergebnissen auch Angaben über die Größenordnung der auftretenden Nebenspannungen machen, die bei den Obergurten innerhalb der Meßgenauigkeit liegen und bei den Untergurten U_{14} bei Lastanordnung in Brückenmitte über 20 % der Normalspannungen betragen. Beim Untergurt U_8 sind sie bei Lastanordnung in Brückenmitte geringer, dafür erreichen sie jedoch bei Lastanordnung in der zugehörigen Seitenöffnung den Wert von 60 %, wie auch das Oszillogramm der Meßfahrt 6 (vgl. Abb. 93) erkennen läßt.

Um einen Einblick in die Größenordnung des Schwingbeiwertes zu erhalten, wurden die Fahrten mit zwei Fahrzeugen nebeneinander bei zwei verschiedenen Geschwindigkeiten durchgeführt. Da jedoch größere Geschwindigkeiten als 15 km/h mit den Fahrzeugen nicht erreicht werden konnten, geben die Untersuchungen nur ein beschränktes Bild vom dynamischen Verhalten der Brücke. Wie die Oszillogramme erkennen lassen, treten erzwungene Schwingungen mit einer Frequenz von 1 bis 4 Hz auf, deren Amplituden bis zu 5 kg/cm² erreichen. Bezüglich der Mittelspannungen konnte bei langsamer und schneller Überfahrt kein Unterschied festgestellt werden.

Das Ergebnis der Durchbiegungsmessungen läßt sich der Zahlentafel III entnehmen, in der auch die rechnerischen Durchbiegungen auf Grund der elementaren Fachwerktheorie eingetragen sind. Sie bestätigen die sich aus den Dehnungsmessungen ergebende Tatsache des Mitwirkens der Fahrbahn und des Einflusses der Torsionssteifigkeit. Die Abminderung der mittleren Durchbiegungen verhält sich etwa umgekehrt wie die Steigerung der Hauptträgersteifigkeit infolge Mitwirkens der Fahrbahn, und das Verhältnis der unter- und oberstromseitig gemessenen Durchbiegungen entspricht weitgehend dem Verhältnis der unter- und oberstromseitig gemessenen Spannungen.

Zahlentafel I

Die Spannungen in kg/cm² in den Stäben O_{VIII}, U_8, O_{XIV}, U_{14} bei Anordnung der drei Fahrzeuge hintereinander in Punkt 14 am unterstromseitigen Schrammbord

Stab	ermittelt	Spannungen						
		σ_{2u}	σ_{1u}	σ_{nu}	σ_{2o}	σ_{1o}	σ_{no}	σ_m
O_{VIII}	rechnerisch	—	—	+227	—	—	+88	+158
	durch dyn. Messung	+183	~200^G	~190	+118^×	~110^×G	~110	~150
	durch stat. Messung	—	~180		—	~100		
U_8	rechnerisch	—	—	−217	—	—	−84	−151
	durch dyn. Messung	−115	−103	−109	−99^×	−83^×	−91	−100
	durch stat. Messung	—	−115	—	—	−80	—	—
O_{XIV}	rechnerisch	—	—	−530	—	—	−202	−366
	durch dyn. Messung	−434	−465^G	−453	−310^×	−340^×G	−328	−390
	durch stat. Messung	−440	−470	−458	−310	−370	−346	−402
U_{14}	rechnerisch	—	—	+543	—	—	+209	+376
	durch dyn. Messung	+301	+189	+245	+200^×	+136^×	+168	+207
	durch stat. Messung	—	+200	—	—	+150	—	—

× = erhalten an den unterstromseitigen Stäben durch oberstromseitige antimetrische Belastung.

G = mit Hilfe des Geiger-Spannungsmessers ermittelt.

Verwendete Bezeichnungen:

σ_1 = Spannung auf der Oberseite (Oberflansch) des betreffenden Stabes,

σ_2 = Spannung auf der Unterseite (Oberflansch) des betreffenden Stabes,

$\sigma_n = \frac{\sigma_1 e_2 + \sigma_2 e_1}{e_1 + e_2}$ Normalspannung des Stabes,

e_1, e_2 = Abstand der oberen bzw. unteren Randfaser von der Schwerachse,

u, o = unter- bzw. oberstromseitig,

$\sigma_m = \frac{\sigma_{nu} + \sigma_{no}}{2}$ Mittlere Normalspannung in den unter- und oberstromseitigen Stäben.

Zahlentafel II

Spannungen in kg/cm² in den Stäben O_{VIII}, U_8, O_{XIV}, U_{14} bei Überfahrt der Fahrzeuge A und C nebeneinander (Bezeichnungen siehe Zahlentafel I)

Stab	Einweisungspunkt der Last bei Punkt	Spannungen gemessen σ_2	Spannungen gemessen σ_1	Spannungen gemessen σ_n	Spannungen rechnerisch σ_n
O_{VIII}	4	+ 55	—	—	+ 61
	14	+ 82	~ 90^G	~ 87	+ 85
	4'	— 12	—	—	— 18
U_8	4	— 69	— 19	— 44	— 43
	14	— 57	— 49	— 53	— 82
	4'	+ 9	+ 7	+ 8	+ 18
O_{XIV}	4	+ 38	—	—	+ 39
	14	— 225	— 235^G	— 230	— 224
	4'	+ 45	—	—	+ 42
U_{14}	4	— 6	— 12	— 9	— 47
	14	+ 164	+ 108	+ 136	+ 239
	4'	— 4	— 12	— 8	— 37

Zahlentafel III

Durchbiegungen in mm bei Anordnung von drei Fahrzeugen hintereinander in der Brückenmitte und in der Seitenöffnung am unterstromseitigen Schrammbord

gemessen am:		*f* (rechnerisch)	*f* (gemessen)
Punkt 14	*u*	103	64
	o	39	47
	m	71	55
Punkt 3	*u*	56	38
	o	22	26
	m	39	32

Anlage 2

Probebelastung der Flutbrücken

Für die Probebelastung der Spannbeton-Flutbrücken diente der Lastzug „B" (Anlage 1). Im folgenden wird nur auf die Durchbiegungsmessungen der Einfeldbrücke eingegangen. Die Messungen an der Zweifeldbrücke führten zu entsprechenden Ergebnissen.

Der Lastzug „B" wurde in Brückenmitte in drei Stellungen aufgestellt, und zwar der Reihe nach

1. in der Mitte der Fahrbahn,
2. am Bordstein unterstrom,
3. am Bordstein oberstrom.

Gemessen wurden mit Nivellierinstrument die Durchbiegungen der beiden Hauptträger.

	oberstrom	unterstrom
Messung 1:	13 mm	13 mm
Messung 2:	11 mm	18 mm
Messung 3:	19 mm	12 mm

Die mittlere Durchbiegung der Brücke aus den drei Belastungen für beide Hauptträger beträgt nach diesen Messungen 14,3 mm.

Mit den Rechnungswerten der statischen Berechnug für

$$E = 400\,000 \text{ kg/cm}^2$$

$$I_{\text{Tragwerk}} = 5{,}7 \text{ m}^4$$

errechnet sich eine Durchbiegung von .... 17,4 mm.

Für den gesamten Brückenquerschnitt einschl. des nachträglich betonierten Aufbetons der Gehwege und des Gesimses mit

$$I_{\text{ges}} = 6{,}7 \text{ m}^4$$

ergibt sich eine rechnerische Durchbiegung von .... 14,6 mm.

In Wirklichkeit dürfte der Elastizitätsmodul für eine vorliegende Betonfestigkeit von 700 kg/cm² größer als 400 000 kg/cm² sein.

Ferner wird ein Teil vom Aufbeton der Gehwege und des Gesimses mitwirken. Die rechnerische Durchbiegung wird unter Berücksichtigung dieser Verhältnisse zwischen 14,6 und 17,4 mm liegen. Die Übereinstimmung mit den Meßwerten ist gut.

Aus der gemessenen unterschiedlichen Einsenkung der Hauptträger bei einseitiger Belastung ergibt sich, daß eine Last, die unmittelbar über einem Hauptträger steht, vom anderen Hauptträger mit rd. 1/3 ihrer Größe mitgetragen wird.